# QU'EST-CE QUE LA MÉCANIQUE QUANTIQUE ?

# COMITÉ ÉDITORIAL

**CHEMINS PHILOSOPHIQUES**

Collection dirigée par Roger POUIVET

Thomas **BOYER-KASSEM**

# QU'EST-CE QUE LA MÉCANIQUE QUANTIQUE ?

Paris

LIBRAIRIE PHILOSOPHIQUE J. VRIN

6, place de la Sorbonne, Ve

2015

D. Mermin, Extrait de l'article « Is the Moon There When Nobody Looks ? Reality and the Quantum Theory », *Physics Today*, avril 1985, p. 38-44 © AIP Publishing LLC. All rights reserved. Translated with permission.

David Z. Albert et Rivka Galchen, « Menace quantique sur la relativité restreinte » © *Pour la science* n°379, mai 2009, p. 50-51, traduit de l'anglais (*Scientific American*).

© *Librairie Philosophique J. VRIN*, 2015

*Imprimé en France*

ISSN 1762-7184

ISBN 978-2-7116-2621-2

*www.vrin.fr*

# QU'EST-CE QUE LA MÉCANIQUE QUANTIQUE ?

## INTRODUCTION

La mécanique quantique intrigue. Cette théorie physique contemporaine est réputée pour ses défis au sens commun et ses paradoxes. Ne dit-elle pas que certains chats sont à la fois morts *et* vivants, qu'il existe des univers parallèles au nôtre, ou que, lorsqu'un objet quantique se rend d'un point A à un point B, il est parfois impossible de dire qu'il est simplement passé quelque part ? Au-delà de ces invraisemblances, peut-on donner un sens à la mécanique quantique ?

La mécanique quantique divise. On ne peut pas dire aujourd'hui que les physiciens soient vraiment d'accord entre eux sur la façon de résoudre ces paradoxes et de donner un sens clair à la théorie. Les philosophes, qui n'ont pas manqué de s'atteler à la question, ne parviennent pas à un meilleur consensus. Comment savoir qui a raison ?

Enfin, la mécanique quantique est mathématique, complexe, aride. Jusqu'où est-il nécessaire d'apprendre ces mathématiques pour l'appréhender ? Faut-il forcément plusieurs années d'étude de physique pour commencer à entrevoir les problèmes philosophiques qu'elle soulève ?

Ce livre fait le pari que non. Certaines questions, comme celle de savoir ce qui existe dans ce monde selon la mécanique quantique, peuvent être abordées sans qu'une grande dose de mathématique ne soit requise. Dans cet esprit, les lecteurs novices en mathématiques et en physique trouveront ici une introduction aux débats philosophiques concernant la mécanique quantique, sans qu'aucune connaissance scientifique particulière ne soit présupposée. De leur côté, les lecteurs scientifiques pourront voir la mécanique quantique sous un jour nouveau, en découvrant la richesse des débats philosophiques dont elle est l'objet.

À la question posée plus haut, « peut-on donner un sens à la mécanique quantique ? », cet ouvrage répond en montrant que non pas une, mais plusieurs façons de donner un sens ont été proposées depuis près d'un siècle. Trois de ces « interprétations » de la théorie de la mécanique quantique, parmi les plus populaires, sont présentées ici. Ces différentes interprétations conduisent toutes à un excellent accord de la théorie avec l'expérience, et ne semblent pas pouvoir être départagées de cette façon.

Quant à la question de savoir laquelle de ces interprétations le lecteur devrait adopter, et de savoir qui a raison dans les débats contemporains, cet ouvrage s'abstient délibérément d'y répondre. L'auteur considère en effet que la priorité aujourd'hui, dans un ouvrage d'introduction à destination d'un public large, n'est pas de défendre l'une ou l'autre des interprétations de la théorie, alors même que les spécialistes ne s'accordent pas entre eux. La priorité est plutôt de faire connaître au lecteur l'existence d'une pluralité d'interprétations de la mécanique quantique et de lui donner des outils pour se repérer dans les débats contemporains. Libre à lui ensuite de poursuivre son chemin vers une interprétation particulière, à travers un ouvrage prenant parti.

Dans cet ouvrage, nous commençons par introduire la théorie de la mécanique quantique (chap. I), avant de discuter plus en détail ce qu'on appelle l'« interprétation » d'une théorie (chap. II). Nous sommes alors armés pour étudier en détail trois interprétations majeures de la mécanique quantique : l'interprétation dite orthodoxe, qui est depuis longtemps la plus répandue chez les scientifiques (chap. III), l'interprétation de Bohm (chap. IV) et l'interprétation des mondes multiples (chap. V). Nous terminons par une comparaison critique de ces interprétations (chap. V). Dans la seconde partie de l'ouvrage, sont commentés deux extraits d'articles qui traitent de la possibilité d'interaction instantanée à distance et de variables cachées, autour d'un résultat théorique célèbre, le théorème de Bell.

# CHAPITRE PREMIER

# L'IMAGE QUANTIQUE DU MONDE

À quoi ressemble le monde de l'infiniment petit ? Quelles sont les entités qui le peuplent et les lois qui en règlent le cours ? Il existe une théorie physique qui permet de répondre à ces questions – ou du moins, qui propose *plusieurs* réponses possibles. Cette théorie, conçue il y a près d'un siècle, est la mécanique quantique. Ce chapitre en fait une présentation introductive.

## LA MÉCANIQUE QUANTIQUE

### Le monde des atomes

Si on prend un microscope pour observer comment est constitué notre corps, on peut apercevoir des cellules, à une échelle d'environ un centième de millimètre – c'est là le domaine des théories de la biologie. Si on zoome davantage, environ dix mille fois plus, on arrive à l'échelle des atomes – c'est là le domaine de la mécanique quantique. Ces atomes sont comme les briques que la Nature utilise pour bâtir tous les corps matériels. En assemblant plusieurs atomes, on obtient une molécule. Par exemple, une molécule d'eau se compose d'un atome d'oxygène et deux atomes d'hydrogène ; il faut un milliard de milliards de molécules d'eau pour donner une seule gouttelette de brouillard. Un atome lui-même n'est pas un bloc indistinct; même si on le représente parfois comme une petite sphère dure, il est essentiellement composé de vide. L'essentiel de la matière est dans un tout petit noyau chargé positivement, qui est entouré d'électrons chargés négativement, comparativement bien plus légers, et qui restent à proximité de ce noyau.

Ni les atomes, ni les électrons, ni quoi que ce soit à cette échelle ne se comportent comme le font les corps plus gros auxquels nous sommes habitués. Les phénomènes très originaux qui ont lieu à l'échelle de l'atome sont ceux qu'étudie la mécanique quantique. En énonçant les lois qui régissent ce monde microscopique, elle parvient à prédire et à expliquer les phénomènes atomiques.

Par exemple, la mécanique quantique peut expliquer pourquoi certains matériaux en fer peuvent être des aimants naturels, et pourquoi un morceau de bois ne sera jamais attiré par un aimant. Elle explique pourquoi on n'a jamais vu aucun atome d'hydrogène émettre de lumière jaune ou verte, et pourquoi la lumière qui nous vient du soleil comporte pratiquement toutes les couleurs de l'arc-en-ciel. Elle explique pourquoi le cuivre conduit très bien l'électricité et la chaleur, et pourquoi le verre est transparent à la lumière.

En apprivoisant les lois quantiques du comportement de la matière, les physiciens sont parvenus à mettre au jour de nouveaux phénomènes et à tirer de nombreuses applications de la mécanique quantique. Par exemple, cette théorie a permis la création des lasers, dont la technologie fait aujourd'hui un grand usage (lecteur CD/DVD, communication par fibre optique, opérations chirurgicales, etc.). La mécanique quantique a également permis de concevoir et d'explorer les propriétés des matériaux dits « semi-conducteurs », à la base de toute l'électronique moderne (transistors, LED, microprocesseurs, etc.). En médecine, le fonctionnement des appareils d'IRM repose sur l'utilisation d'une propriété typiquement quantique des atomes, appelée le « spin ». Une autre application récente de la mécanique quantique, réservée pour le moment aux laboratoires de recherche, est la microscopie à effet tunnel, qui permet d'observer et de manipuler les atomes un à un.

### Une théorie fondamentale

L'importance de la mécanique quantique ne se limite pas à son très vaste champ d'application. Il s'agit également d'une théorie *fondamentale* pour les physiciens, au sens où elle fait partie des quelques théories physiques qui ne peuvent pas être dérivées, même en principe, à partir d'autres théories. Pour mieux comprendre ce que cela signifie, prenons à l'inverse le cas de la théorie de l'optique géométrique, qui explique par exemple comment se forment les images à travers des verres de lunettes ou des jumelles. Cette théorie, qui rend compte du comportement de la lumière en la considérant comme composée de rayons lumineux, est en fait un cas particulier de la théorie de l'optique ondulatoire, qui considère la lumière comme étant composée d'ondes. Aussi, l'optique géométrique n'est pas fondamentale parce qu'on peut l'obtenir ou la dériver à partir de l'optique ondulatoire, lorsque les ondes ont des comportements approchant ceux des rayons.

Le fait que la mécanique quantique soit une théorie fondamentale de la physique lui donne une importance de premier ordre. Elle se trouve à la base de la connaissance de la Nature que les scientifiques ont développée. Aussi, comprendre ce qu'elle peut dire (ou ne pas dire) du monde, sur ce qui existe ou n'existe pas, s'annonce d'une importance capitale [1].

---

1. Cet ouvrage se limite à la mécanique quantique non-relativiste, c'est-à-dire dans laquelle les effets de la relativité ne sont pas pris en compte. La théorie qui les prend en compte est la théorie quantique des champs.

### Aperçu historique

Afin de mieux comprendre la situation actuelle de la mécanique quantique, il est utile de commencer par un aperçu de l'histoire de son élaboration[1]. Jusqu'au début du XXᵉ siècle, l'idée que la matière soit ultimement constituée d'atomes (ces éléments « indivisibles », selon l'origine grecque du mot) reste une position controversée essentiellement philosophique, en faveur de laquelle les arguments scientifiques restent faibles. L'avènement de la mécanique quantique va contribuer à accréditer cette idée.

De façon analogue au fait que la matière soit constituée de ces briques séparables et ne consiste pas en une substance continue, la mécanique quantique va développer l'idée que certaines quantités physiques ne peuvent pas prendre n'importe quelle valeur de façon continue, mais seulement quelques valeurs particulières, appelées « discrètes » ou « discontinues ». C'est un peu comme si, au lieu de tracer une ligne avec un seul trait de crayon, on la traçait seulement avec des points bien distincts, en nombre limité.

Une première étape conceptuelle a lieu autour de 1900, lorsque le physicien allemand Planck, travaillant à rendre compte théoriquement de la lumière émise par un certain corps (dit « corps noir »), finit par renoncer mathématiquement à une description continue pour introduire un élément discret. Cette discontinuité mathématique est ensuite réinterprétée par Einstein comme renvoyant à un échange discret d'énergie, c'est-à-dire au fait que l'énergie ne s'échange pas selon n'importe quelle quantité, mais nécessairement par multiples

---

1. La référence sur l'histoire de la mécanique quantique est M. Jammer, *The Conceptual Development of Quantum Mechanics*, New York, McGraw-Hill, 1966. Pour une genèse simplifiée de la mécanique quantique, on peut consulter O. Darrigol, « A simplified genesis of quantum mechanics », *Studies in History and Philosophy of Modern Physics* (40), 2009, p. 151-166.

d'une unité élémentaire (un « quantum ») qui ne peut être divisée – un atome de lumière, pour ainsi dire. Ce quantum d'énergie prendra le nom de « photon », et on s'aperçoit bientôt qu'il a des comportements à la fois de particule (il peut être localisé en un point de l'espace) et d'onde (il peut entrer en résonance, comme une onde sonore dans un instrument de musique par exemple).

Cette quantification, qui concerne l'énergie, va ensuite être proposée pour la structure même de l'atome. Un des problèmes des années 1910 est d'expliquer comment un atome parvient à être stable au cours du temps, sans que ses électrons ne viennent s'écraser sur son noyau. Bohr, un physicien danois, développe à partir des années 1910 ce qui s'appellera le « modèle de Bohr » de l'atome. Il fait l'hypothèse qu'il existe, pour les électrons de l'atome, certaines trajectoires fixes autour du noyau (comme si les planètes tournant autour du soleil ne pouvaient se trouver qu'à des distances bien précises). Le passage d'un de ces états stationnaires à un autre est aléatoire et s'accompagne de l'émission ou de l'absorption d'un quantum d'énergie lumineuse, c'est-à-dire d'un photon. Ce modèle attire rapidement l'attention de la communauté des physiciens qui l'enrichissent et le testent expérimentalement. Autour de ce modèle de Bohr, se développe ainsi une « théorie des quanta ».

À partir de 1925, deux développements indépendants vont conduire à l'abandon de cette théorie des quanta, qui rencontre un certain nombre de difficultés, au profit de la théorie quantique moderne. D'un côté, Heisenberg est un des principaux protagonistes à abandonner la représentation de l'atome de Bohr pour s'engager dans une abstraction plus mathématique. En utilisant des tableaux de nombres (appelés « matrices »), il parvient à relier directement certaines quantités mesurables, en faisant fi des représentations traditionnelles telles que la position, l'orbite, la vitesse. Il élabore ainsi une « mécanique matricielle ». D'un autre côté, de Broglie défend l'idée que le caractère à la fois ondulatoire et corpusculaire de la lumière s'étend à la matière, où des ondes doivent être associées aux particules, par exemple aux électrons. Schrödinger développe cette idée en établissant une équation pour ces ondes.

Quelques années plus tard, le physicien et mathématicien von Neumann parvient à donner un cadre théorique mathématique commun pour ces deux approches, qui se sont montrées fécondes. Il reformule la théorie en la faisant découler de quelques axiomes ou principes placés à la base. Les grandes lignes de la mécanique quantique, telle qu'elle est enseignée aujourd'hui, sont alors en place.

Une caractéristique principale de la mécanique quantique est qu'il s'agit d'une théorie probabiliste. Lorsqu'un phénomène est étudié ou une expérience réalisée, la mécanique quantique ne prédit généralement pas quel sera *le* résultat de la mesure. Elle prédit seulement que plusieurs résultats peuvent être obtenus, et donne la probabilité correspondante pour chacun. Par exemple, tel résultat a 80 % de chances d'être obtenu, tandis que tel autre 20 %. Peut-on espérer améliorer la théorie ou les expériences et parvenir à une prédiction certaine – autrement dit, la mécanique quantique peut-elle être complétée ? Cette question a été, à partir de 1935, à l'origine d'une célèbre controverse entre Bohr et Einstein. Contrairement aux espoirs de ce dernier, la réponse est non : il s'avère être impossible d'améliorer la mécanique quantique pour avoir une théorie qui serait capable de donner des prédictions certaines[1]. Cette caractéristique unique fait de la mécanique quantique une théorie probabiliste en un sens profond. Notre théorie de l'infiniment petit est donc condamnée à être probabiliste.

---

1. À ce sujet, *cf.* le texte 2 et son commentaire, p. 83 *sq.*

*Controverses interprétatives*

Si la mécanique quantique est rapidement acceptée pour ses qualités prédictives dès les années 1930, des questions ou des réserves quant à son interprétation parsèment son histoire jusqu'à nos jours. La formulation de Heisenberg insistait sur le caractère discontinu des phénomènes et sur le concept de particule, tandis que la formulation de Schrödinger considérait les phénomènes quantiques sous forme d'ondes. La controverse Bohr-Einstein autour de l'incomplétude de la mécanique quantique est une autre illustration précoce des débats qui entourent l'interprétation de la théorie. Néanmoins, les positions défendues par Bohr, Heisenberg et Born, notamment, s'imposent rapidement chez la plupart des physiciens. Selon eux, la Nature est le siège d'un hasard fondamental, et le monde quantique requiert un radical changement dans l'usage des concepts auquel l'être humain est familier. Cette façon de donner un sens à la mécanique quantique est bientôt qualifiée d'« interprétation [1] de Copenhague », en référence à la capitale danoise où Bohr a travaillé. Elle est à l'origine de l'interprétation utilisée aujourd'hui dans la quasi-totalité des manuels universitaires. Cette interprétation orthodoxe est présentée au chapitre III.

Même si cette interprétation s'impose majoritairement dans la communauté physicienne dès les années 30, certains physiciens vont tenter de faire entendre une voix discordante. En 1952, reprenant une idée de de Broglie, Bohm propose de compléter la théorie de la mécanique quantique avec d'autres variables – tout en obtenant, ni plus ni moins, les prédictions de la mécanique quantique. La nouveauté est surtout que la théorie peut recevoir une interprétation déterministe : il

---

1. Ce qu'est une « interprétation » d'une théorie est discuté en détail dans le chapitre suivant.

n'existe pas de hasard fondamental dans le monde, bien que la théorie ne nous permette de faire que des prédictions probabilistes. Cette interprétation bohmienne est présentée au chapitre IV.

Une autre interprétation va être développée à la suite des travaux d'Everett en 1957. Selon cette interprétation, notre univers est quantique en ce qu'il se compose d'une infinité de mondes. De nouveaux mondes naissent constamment, de sorte que tous les résultats possibles des interactions ou des expériences sont réalisés, chacun dans un monde. Cette interprétation, appelée «des mondes multiples», fait l'objet du chapitre V.

D'autres interprétations ont été proposées dans les dernières décennies : interprétation des histoires décohérentes (Griffiths), interprétation relationnelle (Rovelli), interprétation informationnelle, interprétation modale, etc. Ainsi, il existe maintenant toute une gamme d'interprétations quantiques très différentes. Mais celles-ci sont toutes empiriquement équivalentes, au sens où on ne peut pas les départager par l'expérience. Si des physiciens adoptent des interprétations quantiques différentes, ils s'accordent au moins sur les prédictions expérimentales[1].

Parmi les chercheurs spécialistes de mécanique quantique, les diverses interprétations sont de popularité variable et aucun consensus clair ne se dessine, et les philosophes de la physique sont tout aussi divisés sur la question ; chaque interprétation a ses défenseurs célèbres, scientifiques et philosophes. Ainsi coexiste une pluralité d'interprétations de la mécanique quantique. Alors que les physiciens ont longtemps estimé que les débats interprétatifs avaient été tranchés par les pères fondateurs, on peut considérer que depuis les années 80

---

1. Cette affirmation doit être précisée pour être vraiment exacte ; cela est fait au chapitre VI.

environ, l'intérêt pour les interprétations quantiques et le débat sur la question se sont renforcés.

## REPRÉSENTATION SCIENTIFIQUE ET IMAGE DU MONDE

### L'image du monde

Replaçons ces interprétations de la théorie dans un contexte plus large. Plusieurs buts peuvent être attribués à la science et à ses théories. On peut considérer que l'objectif est d'énoncer des lois générales sur le monde (par exemple, que l'énergie se conserve). Ce sont ces régularités valables en tout temps et en tout lieu qui ont un intérêt, davantage que le simple catalogage de faits isolés (l'énergie s'est conservée dans telle circonstance). On peut soutenir que la science doit plutôt permettre de prédire correctement les phénomènes qui peuvent être observés, naturellement ou en laboratoire. C'est un objectif qui est qualifié d'instrumentaliste, au sens où les théories sont un simple instrument permettant de faire des prédictions. Ou encore, on peut considérer que le but d'une théorie scientifique est de dire ce qui existe et de quoi est fait la Nature (l'énergie existe-t-elle au même sens que des objets existent ?). Dans ce cas, une théorie scientifique a pour fonction de représenter le monde, notamment à l'aide d'outils mathématiques, et cela permet d'en tirer une image de la Nature.

Dans cet ouvrage, nous faisons le choix de nous concentrer sur ce dernier but, qui consiste à dire de quoi est fait le monde (en l'occurrence : qu'est-ce qui existe dans le monde quantique ?), parce que, pour la mécanique quantique, c'est le point le plus controversé [1] et le plus intéressant philosophiquement. En effet, plusieurs images du monde, compatibles avec la

---

1. La mécanique quantique s'acquitte parfaitement bien de l'autre but qui consiste à prédire les phénomènes observés, sans que cela ne suscite particulièrement de débat.

mécanique quantique, ont été proposées à travers les différentes «interprétations» de la théorie évoquées précédemment. Et l'essentiel des discussions philosophiques sur la mécanique quantique a trait aujourd'hui à ces interprétations.

### (Anti-)réalisme

Si l'un des buts d'une théorie est de proposer une image de la Nature, comment doit-on considérer cette image ? Doit-elle être prise au sérieux comme décrivant la réalité, ou faut-il la considérer comme un simple habillage des mathématiques abstraites qui ne correspond à rien de réel ? Plusieurs attitudes sont ici possibles.

La première est le réalisme, qui est certainement la plus naturelle et la plus commune, et qui consiste à prendre la théorie au sérieux et au pied de la lettre. Si la théorie fait l'hypothèse qu'il existe certaines entités, par exemple des électrons, alors un réaliste croit qu'il existe réellement ces entités dans le monde. Pour lui, il existe une réalité indépendante de notre esprit, et c'est en interprétant littéralement les théories scientifiques qu'on peut parvenir à une connaissance de cette réalité – par exemple, qu'elle est composée d'électrons.

Une autre attitude possible est l'anti-réalisme, qui consiste à prendre le contre-pied du réalisme, en n'interprétant pas littéralement la théorie. Un anti-réaliste peut considérer par exemple que les électrons n'existent pas, car ils ne sont pas observables comme, disons, ce livre que vous pouvez voir directement. Un électron est alors considéré comme une entité théorique qui n'a rien de réel. La théorie se comprend selon le mode du «comme si» : dire que cette théorie est vraie signifie que la Nature se comporte *comme si* il y avait des électrons, mais cela ne veut pas dire pour autant qu'ils existent réellement. Pour l'anti-réaliste, le but de la science n'est pas la vérité mais seulement l'adéquation empirique.

Cette division entre réalistes et anti-réalistes en science a une longue histoire, et se retrouve naturellement concernant l'interprétation de la mécanique quantique. Cet ouvrage fait droit à des interprétations réalistes et anti-réalistes de la mécanique quantique. L'interprétation orthodoxe (chap. III) est une interprétation qui nie l'existence d'une réalité indépendante du sujet connaissant, et peut être qualifiée d'anti-réaliste. Les interprétations de Bohm (chap. IV) et des mondes multiples (chap. V) proposent de considérer certaines entités comme réelles et indépendantes de notre esprit, et sont généralement adoptées par des réalistes.

## DES PROBLÈMES PHILOSOPHIQUES ?

Comme nous l'avons indiqué précédemment, les physiciens quantiques sont plutôt divisés sur l'interprétation quantique à adopter. Mais nous avons dit aussi que toutes ces interprétations sont empiriquement équivalentes, ce qui signifie que les physiciens ne sont pas en désaccord sur les prédictions expérimentales – ces interprétations ne sont pas des théories concurrentes en un sens fort. Un autre aspect qui tend à atténuer la division de la communauté scientifique est le fait que tous les physiciens s'accordent sur la façon d'utiliser la mécanique quantique. Autrement dit, le fait de préférer une interprétation plutôt qu'une autre ne change pas, dans la pratique, la manière dont les physiciens font leurs calculs. Et leurs prédictions s'avèrent extrêmement bien vérifiées par l'expérience.

En revanche, les interprétations proposent des images quantiques du monde radicalement différentes. En quoi cette pluralité d'interprétations et d'images du monde est-elle un problème philosophique ? Elle l'est pour tout projet métaphysique, qui s'attache à dire quels sont les objets, les catégories, les propriétés de notre monde. Par exemple : existe-t-il plusieurs mondes parallèles ? La Nature est-elle régie par du hasard ? Car si plusieurs propositions sont faites, il semble légitime de vouloir trancher. Devrions-nous renoncer à savoir si le monde est déterministe ou indéterministe, si le hasard a un rôle fondamental ou non ? Par ailleurs, cette pluralité d'interprétations est aussi un problème concernant les explications que la théorie peut fournir car, comme nous le verrons plus loin, les interprétations quantiques peuvent fournir des explications différentes d'un même phénomène. Devrait-on renoncer à l'idée qu'une explication puisse être *la meilleure* ?

En revanche, cette pluralité d'interprétations n'est pas un problème pour un philosophe pragmatique. Dès lors que les diverses interprétations de la théorie conduisent aux mêmes prédictions empiriques, il peut les considérer comme autant d'outils de prédiction adéquats, sans soucis des images du monde qu'on peut former à partir d'elles. Si on écarte le projet métaphysique consistant à dire de quoi est fait le monde, et que l'on s'intéresse seulement aux avancées empiriques de la recherche, alors la pluralité des interprétations peut être considérée comme un avantage : les chercheurs peuvent adopter l'interprétation qu'ils préfèrent, et avoir d'autant plus d'idées dans leur travail.

Au-delà de ce débat, et puisqu'une pluralité d'interprétations de la mécanique quantique existe, il apparaît important de parvenir à comprendre comment il est possible que des interprétations si différentes puissent convenir à une même théorie, tout en étant expérimentalement équivalentes. Cette interrogation est le fil conducteur du présent ouvrage. Pour cela, la notion d'interprétation et d'image du monde est approfondie dans le chapitre suivant.

# CHAPITRE II

# QU'EST-CE QU'INTERPRÉTER
# UNE THÉORIE PHYSIQUE ?

Le chapitre précédent a indiqué qu'il existe plusieurs interprétations de la mécanique quantique, qui proposent différentes images du monde quantique. Avant de présenter dans les chapitres suivants quelques-unes de ces interprétations, il est nécessaire d'approfondir l'analyse de ce concept d'« interprétation » de façon générale (des exemples seront pris dans d'autres théories physiques). Qu'est-ce exactement qu'une interprétation d'une théorie ? À quoi sert-elle, et est-elle vraiment nécessaire, notamment si l'on n'est pas philosophe ?

## L'INTERPRÉTATION D'UN ÉNONCÉ

Pour aborder la notion d'interprétation d'une théorie physique, il est utile de faire préalablement un détour par la logique, où la notion d'interprétation d'une théorie trouve une expression rigoureuse. En logique, interpréter prend un sens sémantique : à ce qui n'est d'abord que des symboles (par exemple « x » ou « Jean »), il s'agit d'associer des référents dans le monde. Par un exemple la phrase « Mathurin est plus grand que Philibert » décrit une situation qui peut être vraie ou fausse, si tant est qu'il existe deux personnes prénommées

Mathurin et Philibert. Cette phrase peut être réécrite de façon formelle comme « $x \, \mathbf{R} \, y$ ». Pour que le sens de la phrase originale soit conservé, il faut intuitivement exiger que $x$ désigne la personne prénommée « Mathurin », $y$ celle prénommée « Philibert » et que $\mathbf{R}$ soit la relation « être plus grand que ». Interpréter l'énoncé « $x \, \mathbf{R} \, y$ », c'est indiquer les référents des différents symboles.

Considérons maintenant l'énoncé « $x \, \mathbf{R} \, y$ » en tant que tel, sans faire référence à la phrase initiale. Tant que l'on n'indique pas à quoi chacun des symboles $x$, $y$ et $\mathbf{R}$ renvoie, cet énoncé ne signifie rien et il n'est ni vrai ni faux (il n'a pas de contenu empirique). Il peut d'ailleurs être interprété différemment du cas précédent : en indiquant que $x$ désigne Alice, $y$ désigne Bob et $\mathbf{R}$ désigne « être la sœur de », l'énoncé prend un sens tout à fait différent, et il peut être vrai ou faux indépendamment du premier cas. Il s'agit là de deux interprétations différentes d'un même énoncé formel.

### L'INTERPRÉTATION D'UNE THÉORIE PHYSIQUE

La notion d'interprétation logique qui vient d'être présentée est la base sur laquelle peut se comprendre l'interprétation en physique. Néanmoins, nous allons voir que cette conception ne suffit pas à définir l'interprétation et le contenu empirique des théories physiques.

#### Limites de la conception logique de l'interprétation

Considérons par exemple la théorie de la mécanique classique (qui permet de rendre compte du mouvement et de la dynamique des corps à notre échelle, comme le lancer d'une balle ou la solidité d'un pont), et notamment un de ses principes :

Principe fondamental de la dynamique :
dans un référentiel galiléen, la somme des forces qui
s'exercent sur un point matériel est égale au produit de sa
masse par son accélération, soit $\mathbf{F} = m\,\mathbf{a}$.

Cet énoncé utilise des variables telles que $m$, $\mathbf{F}$ ou $\mathbf{a}$ et des
termes tels que « point matériel », « référentiel », « galiléen »,
sans compter les termes associés aux précédentes variables
(force, masse, …). Considéré d'un point de vue purement
syntaxique, cet énoncé n'est ni vrai ni faux : si les variables et
les termes ne sont pas interprétés, la théorie n'a aucun contenu
empirique.

Dans le sens logique vu précédemment, proposer une
interprétation de cette théorie suppose de dire par exemple à
quoi correspondent $\mathbf{F}$ ou $m$. Notons que le simple fait d'affirmer qu'ils correspondent à une « force » ou à une « masse » ne
répond pas particulièrement au problème, si l'on ne précise pas
ce qu'*est* une « force » ou « masse », ou comment on les
identifie dans le monde.

Cette difficulté vient du fait que les théories physiques
considèrent de nouveaux objets ou de nouvelles entités par
rapport au sens commun et à la vie courante. Ces nouvelles
entités ne sont pas identifiables de manière simple et directe,
par exemple pas comme une personne, ou une chaise – on ne
peut pas pointer du doigt une force. De plus, les entités que les
théories physiques utilisent sont définies dans leur relation à
d'autres entités elles-mêmes théoriques, de sorte qu'il y a une
certaine circularité. Par exemple, le concept de référentiel
galiléen intervient dans un autre principe de la mécanique,
celui de force dans deux autres, etc. Ainsi, c'est plutôt « en
bloc » que la théorie doit être interprétée et reliée à l'expérience dans le monde. L'interprétation d'une théorie physique
et de ses énoncés nécessite plus que la simple notion logique
d'interprétation.

*À quoi sert une interprétation ?*

Pour mieux comprendre les enjeux de l'interprétation d'une théorie physique, précisons le rôle ou la fonction qu'elle assure. Il semble qu'on puisse en distinguer trois.

Tout d'abord, l'interprétation donne un contenu empirique à la théorie. En effet, une théorie non-interprétée n'est qu'un ensemble de symboles formels qui n'a pas de valeur de vérité, et ne donne aucune prédiction expérimentale. L'interprétation remédie à cela, en indiquant le lien entre les éléments formels et les données expérimentales. C'est pourquoi l'interprétation d'une théorie est parfois qualifiée d'«empirique». Pour reprendre l'exemple de la mécanique classique, interpréter *m* consiste à dire qu'il s'agit d'une masse mesurable dans certaines conditions par une balance, elle-même étalonnée par rapport à une masse de référence conservée au Bureau International des Poids et Mesures, à Sèvres.

Un autre rôle pour l'interprétation consiste à dire de quoi est (ou pourrait être) composé le monde selon la théorie. Cela peut être rapproché du sens de l'interprétation sémantique présentée préalablement : on indique les référents qui composent le monde dans lequel la théorie est vraie. On décrit ainsi comment peut être le monde si la théorie scientifique est vraie[1]. Une interprétation de la mécanique newtonienne dit par exemple que le monde se compose de points matériels massifs et de forces. Comme de nombreuses interprétations différentes peuvent rendre la théorie vraie, une interprétation particulière dit seulement comment *pourrait* être le monde.

Le troisième rôle de l'interprétation d'une théorie physique est d'apporter une certaine compréhension, ou bien du monde et de ses phénomènes (par exemple, du « monde des

---

1. La donnée de ce qui compose le monde n'est pas forcément à prendre en un sens réaliste.

atomes » pour la mécanique quantique), ou bien de la théorie elle-même et de ses mathématiques arides. Dans les deux cas, cela sous-entend que le premier aspect de l'interprétation, à savoir donner un contenu empirique à la théorie formelle, ne suffit pas à donner une compréhension. Autrement dit, savoir prédire adéquatement un phénomène empirique ne signifie pas le comprendre[1]. En disant de quoi pourrait être composé le monde, l'interprétation peut proposer une histoire sur « ce qui se passe vraiment » sous les phénomènes, et ainsi apporter une compréhension.

### Définition de l'interprétation : aperçu historique

Qu'est-ce exactement que l'interprétation d'une théorie physique ? Sur cette question, les philosophes, dont une des tâches est de définir et d'analyser les concepts, ne s'accordent pas vraiment. Voici les principales conceptions rivales qui ont été défendues[2].

### La conception syntaxique des théories

Une première conception de l'interprétation repose sur ce qui a été appelé la « conception syntaxique » des théories scientifiques, défendue par le courant de l'empirisme logique et des auteurs tels que Carnap, Hempel ou Nagel. Leur idée-force est que le sens d'un terme scientifique est donné (en tout et pour tout) par l'expérience : par exemple, le terme « électron » ne signifie rien de plus que « ce qui fait telle trace dans une chambre à bulle », et « est dévié de telle façon par un

---

1. C'est par exemple une position défendue par R. I. G. Hughes, *The Structure and Interpretation of Quantum Mechanics*, Cambridge (MA) et London, Harvard University Press, 1989 (*cf.* notamment p. 155).

2. Pour une présentation des différentes conceptions des théories scientifiques, *cf.* par exemple C. U. Moulines, *La Philosophie des Sciences. L'Invention d'une Discipline*, Paris, Éditions Rue d'Ulm, 2006.

champ électrique », etc. ; un « électron » n'a alors rien d'une entité métaphysique.

Leur analyse est, schématiquement, la suivante. On distingue dans le langage de la théorie deux types de termes, les termes observationnels (comme « chambre à bulle ») et les termes théoriques (comme « électron »). Les premiers sont directement interprétés comme référant à des objets physiques observables (une chambre à bulle). Les seconds n'ont pas de lien direct à l'empirique : ils ont seulement un lien indirect, à travers des « règles de correspondance », qui définissent les termes théoriques à partir de termes observationnels (« ce qui fait… », « est dévié… », etc.). Interpréter une théorie signifie alors donner des règles de correspondance pour ses termes théoriques, de façon à ce qu'ils réfèrent *in fine* à des entités observables.

Cette conception syntaxique a fait l'objet de divers raffinements. Par exemple pour Bridgman, la signification d'un terme provient de la façon dont on mesure la grandeur. Le sens de « longueur » est donné, par exemple, par l'utilisation de règles graduées ou par la mesure du temps de propagation de la lumière. Interpréter un terme d'une théorie revient ainsi à en donner une définition opérationnelle au moyen d'opérations ou de manipulations réalisables en laboratoire[1]. La position de Bridgman a été critiquée pour diverses raisons. L'une d'elles est qu'une définition opérationnelle d'un concept ne recouvre pas la totalité du sens que les scientifiques lui attribuent ; ce qui rend intéressant un concept théorique est précisément le fait qu'il ne se limite pas aux situations et applications connues. Une autre critique porte sur le fait que tous les concepts théoriques ne peuvent pas faire

---

1. Cet opérationnalisme est revendiqué par certains courants interprétatifs de la mécanique quantique, *cf.* par exemple A. Peres, *Quantum Theory : Concepts and Methods*, New York, Kluwer Academic Publishers, 1993.

l'objet d'une définition opérationnelle, ainsi que Bridgman l'a lui-même reconnu dans certains cas.

### La conception sémantique des théories

Une autre définition de ce qu'est l'interprétation d'une théorie s'appuie sur une conception dite « sémantique » des théories. Cette position a été défendue par des philosophes comme Giere, Suppe, Suppes ou van Fraassen.

Elle recourt au concept de modèle, qui est à peu près le suivant. Considérons un énoncé formel ou une théorie, par exemple « $F = m\,a$ ». Un modèle de cette théorie est une certaine interprétation des symboles qui rend vraie la théorie. Par exemple, le modèle peut consister en la donnée de la force qu'exerce un athlète sur son javelot, de la masse et de l'accélération de ce javelot. Une théorie est alors définie par la classe des modèles qui la rendent vraie. Par exemple, « $F = m\,a$ » est définie par tous les modèles d'athlètes et de javelots, mais aussi d'athlètes et de marteaux, d'enfants et de jouets, de planètes entre elles, etc. (et la liste est infinie) de tous les cas dans lesquels la théorie est vraie. Dans cette conception, la théorie n'est pas définie par une formulation particulière ou un langage particulier, mais seulement par la donnée des situations dans lesquelles elle est vraie. De cette façon, les règles de correspondance ne font plus l'objet de définitions explicites.

Interpréter une théorie, c'est pour la conception sémantique répondre aux questions « Sous quelles conditions cette théorie est-elle vraie ? À quoi dit-elle que le monde ressemble ? »[1]. L'interprétation fournit des entités, avec leurs propriétés, qui composent ce monde.

---

1. B. C. Van Fraassen, *Quantum Mechanics. An Empiricist View*, New York, Oxford University Press, 1991, p. 242.

*Bilan*

Que retenir des différentes conceptions de ce qu'est une interprétation ? Notons que ce terme est à géométrie variable, notamment en fonction de la conception de ce qu'est une théorie scientifique elle-même. Il peut en résulter certaines confusions, puisque tous les auteurs ne référeront pas à la même chose avec un même terme. En dépit des divergences philosophiques que nous venons de voir sur la façon de concevoir une interprétation (et une théorie scientifique), les ouvrages et articles font bel et bien référence à ces « interprétations de la mécanique quantique », ce qui suggère qu'elles ont des caractéristiques qui dépassent les clivages philosophiques. Aussi, une définition de travail de l'interprétation, qui se veut consensuelle, est proposée ci-après.

*Une définition de travail de l'interprétation*

La définition proposée est :

« l'interprétation d'une théorie fournit l'image d'un monde dans lequel la théorie est vraie, c'est-à-dire qu'elle précise les types d'entités et de propriétés que comporte ce monde. »

Cette définition se rapproche de l'interprétation logico-mathématique : pour une théorie exprimée dans un langage formel $L$, une interprétation consiste en un domaine $D$ des individus qui servent de référents aux variables de la théorie. Interpréter une théorie, c'est donner un ensemble d'entités auquel la théorie se rapporte, et c'est dire ce qui peut composer le monde, si la théorie est vraie. Aussi, quand il est dit que la théorie est vraie dans le monde proposé par l'interprétation, c'est dans ce sens sémantique (ses axiomes sont satisfaits dans ce monde) et non pas nécessairement dans un sens réaliste (ces entités existent véritablement).

La définition proposée rejoint la position de Sellars selon laquelle les sciences, qui font l'hypothèse de certaines entités,

contribuent à proposer une « image scientifique »[1] du monde
(par opposition à une image manifeste, plus naturelle à
l'homme, par laquelle il est conscient de lui-même et du
monde). Pour Sellars, cette image scientifique est caractérisée
notamment par les types d'objets et de propriétés de base qui
sont invoqués. C'est cette expression de Sellars que van
Fraassen reprend à son compte pour le titre d'un ouvrage[2]
sur la représentation scientifique. Et Hughes, qui adopte la
conception sémantique des théories dans son ouvrage de
philosophie de la mécanique quantique, estime que l'interprétation doit fournir un « schéma conceptuel », c'est-à-dire
spécifier les types d'objets et de propriétés, comme le demande
Sellars.

*Une théorie physique a-t-elle vraiment besoin d'une
interprétation ?*

Pour conclure, il nous faut considérer l'objection suivante :
une théorie scientifique n'a en fait pas besoin d'interprétation.
On distingue deux types d'arguments en faveur d'une telle
idée.

Le premier argument est qu'il suffit de savoir comment
appliquer une théorie et la comparer à l'expérience ; et une
interprétation qui, en plus de cela, viendrait spécifier les entités
dont se compose le monde, est inutile. C'est par exemple
à peu près la teneur de l'article de Fuchs et Peres, intitulé justement « La mécanique quantique n'a pas besoin d'interprétation »[3]. Cette position, on l'aura compris, s'apparente à

1. W. Sellars, « Philosophy and the Scientific Image of Man », *in*
R. Colodny (ed.), *Frontiers of Science and Philosophy*, Pittsburgh, University
of Pittsburgh Press, 1962, p. 35-78.

2. B. C. Van Fraassen, *The Scientific Image*, New York, Oxford University
Press, 1980.

3. Christopher A. Fuchs, A. Peres, « Quantum Mechanics Needs no
Interpretation », *Physics Today*, (53) mars 2000, p. 70-71.

un instrumentalisme : les théories ne servent qu'à prédire des résultats expérimentaux et n'ont pas à proposer une image du monde. Mais une telle position suppose que l'interprétation empirique de la théorie puisse être indépendante de l'interprétation au sens d'une image du monde. Or il semble que cela ne soit pas possible, car pour pouvoir seulement appliquer la théorie empiriquement, il est nécessaire de préciser ce qui est susceptible de faire l'objet de prédictions, et cela revient à prendre parti, au moins implicitement, sur ce qui peut composer le monde. Ce point sera développé au chapitre VI.

Un autre type d'argument, qui trouve un certain écho aujourd'hui en mécanique quantique[1], est qu'une théorie ne doit pas être simplement interprétée, mais plutôt reconstruite à partir de principes physiques. Cette position s'appuie explicitement sur une distinction d'Einstein entre les théories constructives et les théories à principes, en arguant que le premier type de théorie doit recevoir une interprétation, tandis que le second n'en a pas besoin. Mais les principes sur lesquelles les théories reconstruites s'appuient ne fournissent-elles pas implicitement une image du monde ? Il semble bien que si : comme ils sont censés être des « principes physiques », c'est-à-dire porter directement sur le monde et avoir une signification physique claire, ils reviennent à prendre position sur les objets qui composent le monde et ils encadrent l'image possible du monde. Les théories à principes fournissent donc bel et bien une interprétation au sens d'une image d'un monde

1. *Cf.* par exemple R. Clifton, J. Bub, et H. Halvorson, « Characterizing Quantum Theory in Terms of Information-Theoretic Constraints », *Foundations of Physics*, 33 (11), 2003, p. 1561-91 ; A. Grinbaum, « Reconstructing Instead of Interpreting Quantum Theory », *Philosophy of Science*, 74 (5), 2007, p. 761-774 ; L. Hardy, « Quantum Theory from Five Reasonable Axioms », 2001, arXiv : quant-ph/0101012 ; C. Rovelli, « Relational Quantum Mechanics », *International Journal of Theoretical Physics*, 35, 1996, p. 1637-1678.

dans lequel la théorie serait vraie. Comment faut-il alors comprendre le slogan « reconstruire, ne pas interpréter » ? Il faut l'entendre, semble-t-il, comme une invitation à loger les éléments interprétatifs au cœur de la formulation axiomatique de la théorie, plutôt que de se contenter d'ajouter après coup une interprétation à une formulation de la théorie.

Ainsi, ceux qui prétendent se passer de l'interprétation d'une théorie ne tiennent pas leurs promesses de façon littérale : une interprétation telle que proposée dans la définition de travail est nécessaire à toute théorie scientifique pour qu'elle ait un contenu empirique.

# Chapitre III

# L'INTERPRÉTATION ORTHODOXE

Après que le chapitre précédent a éclairci ce qu'est l'interprétation d'une théorie physique, les chapitres III à V présentent quelques interprétations de la mécanique quantique. Parmi toutes celles qui existent, lesquelles choisir? Ce livre se restreint aux trois interprétations qui sont les plus populaires aujourd'hui chez les physiciens et les philosophes de la physique. Ce choix ne reflète pas tant les préférences de l'auteur que l'état de fait de la communauté des spécialistes.

Ce chapitre présente l'interprétation que l'on trouve, au moins implicitement, dans la très grande majorité des manuels universitaires contemporains de mécanique quantique[1], et qui est enseignée presque partout dans le monde. Pour cette raison, on l'appelle généralement l'interprétation « orthodoxe ».

---

1. Les principaux manuels contemporains sur lesquels ce chapitre s'appuie sont C. Cohen-Tannoudji, B. Diu, et F. Laloë, *Mécanique Quantique*, tome 1, Paris, Hermann, 1973-1998; K. Gottfried, et T.-M. Yan, *Quantum Mechanics : Fundamentals*, New York, Springer-Verlag, 2003; D. J. Griffiths, *Introduction to Quantum Mechanics*, London, Pearson Prentice Hall, 2004, 2e édition; R. Shankar, *Principles of Quantum Mechanics*, New York, Plenum Press, 1994, seconde édition. Dans cet ouvrage, chaque interprétation est présentée dans une version qu'on peut qualifier de médiane, parmi toutes les versions qui en ont été proposées, et qui ne correspond pas forcément à celle défendue par tel physicien ou tel philosophe.

Précisons qu'il s'agit bien ici de l'interprétation contemporaine des manuels, et non pas de l'interprétation historique dite « de Copenhague » de Bohr *et alii*, qui en est l'origine historique et que les ouvrages philosophiques préfèrent généralement discuter[1].

## FORMULATION DE LA THÉORIE

### *L'état d'un système quantique*

La mécanique quantique requiert que soit précisé tout d'abord le *système* physique considéré, par exemple un électron, un photon, un ensemble de trois atomes, etc. La théorie attribue à ce système un certain *état* mathématique, appelé aussi *fonction d'onde*[2]. Le rôle de cet état est simple : c'est lui qui doit permettre de répondre à toutes les questions expérimentales qui peuvent être adressées au système, autrement dit de prédire le résultat d'une expérience au moyen d'un calcul théorique. On dit parfois que l'état quantique « contient toutes les informations qu'il est possible d'obtenir sur le corpuscule »[3]. C'est grâce à cet état que la mécanique

---

1. Concernant l'interprétation historique de Copenhague, on peut consulter M. Beller, *Quantum Dialogue : the Making of a Revolution*, Chicago, University of Chicago Press, 1999 ; J. Faye, « Copenhagen Interpretation of Quantum Mechanics », *in* E. N. Zalta (ed.), *The Stanford Encyclopedia of Philosophy*, http://plato.stanford.edu/archives/fall2008/entries/qmcopenhagen/, 2008 ; D. Howard, « Who Invented the "Copenhagen Interpretation"? A Study in Mythology », *Philosophy of Science* 71 (5), 2004, p. 669-682 ; H. Krips, « Measurement in Quantum Theory », *in* E. N. Zalta (ed.), http://plato.stanford.edu/archives/fall2013/entries/qt-measurement, 2013.

2. L'utilisation d'un état n'est pas, en tant que tel, propre à la mécanique quantique ; il est par exemple déjà utilisé en mécanique classique, où il est donné par la position et le moment cinétique (la masse multipliée par la vitesse) de la particule, et où il permet de calculer les grandeurs qui concernent la particule, comme son énergie, la force qu'exerce sur elle telle autre particule, etc.

3. C. Cohen-Tannoudji, B. Diu, et F. Laloë, *Mécanique Quantique, op. cit.* p. 19.

quantique peut satisfaire un des buts essentiels d'une théorie scientifique : faire des prédictions expérimentales. Les prédictions qui sont obtenues à partir de cet état quantique ont la particularité d'être probabilistes : la théorie donne seulement la chance que tel ou tel résultat soit obtenu, et il n'y a que dans certains cas que la prédiction fournie est certaine. À la question : « quelle sera la position de l'atome à tel moment ? », la mécanique quantique pourra répondre par exemple qu'il y a 2 chances sur 3 qu'il se trouve ici et 1 chance sur 3 qu'il se trouve là.

Mathématiquement, un état quantique est un vecteur, qu'on peut représenter comme étant une flèche qui va d'un point à un autre. Il existe des vecteurs de différents types : certains peuvent être représentés à 2 dimensions sur une feuille de papier, d'autres à 3 dimensions dans l'espace auquel nous sommes habitués ; les mathématiciens définissent aussi des vecteurs à 4, 5, … ou une infinité de dimensions. Les états quantiques appartiennent à ces espaces de différentes dimensions, selon les cas [1].

Pour indiquer qu'il s'agit d'un vecteur, un état quantique est traditionnellement noté entre les symboles « | » et « > », comme par exemple « | $\psi$ > » (avec la lettre grecque $\psi$, souvent utilisée pour les états quantiques). Un état qui décrit un atome qui se trouve à un certain endroit (ici) sera par exemple noté « | ici > ». Deux flèches peuvent être mises bout à bout pour définir une nouvelle flèche. De même, une somme de deux états définit un nouvel état, comme par exemple l'état [2]

---

1. Mathématiquement, ces espaces sont en fait définis sur les nombres complexes. Ceux-ci comprennent les nombres usuels à virgule, dits réels (comme – 12,76 ; 5 ou $\pi$), et aussi les nombres qui mettent en jeu le nombre imaginaire $i$, défini par $i^2 = -1$ (comme $3 - 2i$).

2. Pour simplifier, on ne tient pas compte ici du fait que la norme du vecteur (la longueur de la flèche) doive valoir 1 ; les constantes de normalisation ne sont donc pas notées.

« | ici > + | là > ». On parle alors d'état *superposé*, et celui-ci tient à la fois de l'un et de l'autre des deux états.

### Résultat d'une mesure et probabilités

Si on mesure en laboratoire l'énergie de l'électron qui se trouve dans un atome d'hydrogène, on peut obtenir – 13,6 ou – 3,4 eV[1], mais jamais de valeur *entre* – 13,6 et – 3,4. De façon générale, les valeurs des mesures quantiques peuvent être représentées par des points distincts (on dit que les valeurs sont discrètes), et non par des lignes ou des intervalles continus. La théorie de la mécanique quantique, et c'est l'un de ses principaux mérites, rend compte de ce caractère discret en fournissant pour chaque système et chaque grandeur physique la gamme possible des résultats de mesure.

Si on demande quel résultat on obtiendra si on mesure l'énergie de notre électron de l'atome d'hydrogène, la mécanique quantique répondra dans certains cas « – 13,6 eV, avec 100 % de chances ». L'état de l'électron sera alors noté « | – 13,6 eV > ». Dans d'autres cas, la mécanique quantique répondra : « 50 % de chances d'obtenir – 13,6 eV et 50 % de chances d'obtenir – 3,4 eV ». Nous avons déjà signalé, en effet, qu'une caractéristique des prédictions quantiques est d'être probabilistes. Dans ce dernier cas, l'état attribué à l'électron sera superposé, et s'écrira « | – 13,6 eV > + | – 3,4 eV > ».

Le lien entre superposition et probabilités est réciproque[2]. Si un état n'est pas superposé (on parle alors d'« état propre »), comme par exemple l'état | ici >, la mécanique quantique prédit avec une probabilité de 100 % que la mesure de la position du système donnera le résultat « ici ». Si l'état est

1. L'électron-volt, noté « eV », est une unité d'énergie, comme la calorie ou le joule.

2. Les états mixtes, qui ajoutent aux états purs de la mécanique quantique des éléments d'ignorance de notre part, sont exclus de cette discussion.

superposé, comme par exemple l'état |ici> + |là>, la mécanique quantique donne des prédictions probabilistes, en l'occurrence elle dit que la mesure de la position donnera « ici » avec 50 % de chances, et « là » avec 50 % de chances[1]. Ces probabilités sont à entendre comme un reflet d'un hasard absolu. C'est ce que signifie le fait pour un système d'être dans un état superposé : si la grandeur en question est mesurée, elle donnera une réponse ou une autre, et la mécanique quantique attribue des probabilités à chacune des réponses.

### Évolution de l'état

L'état d'un système dépend du temps. Comment évolue-t-il, selon quelles lois ? La mécanique quantique orthodoxe reconnaît deux lois d'évolution bien distinctes, selon qu'une mesure est ou non effectuée sur le système[2].

### En-dehors d'une mesure

Si aucune mesure n'est effectuée, l'état du système évolue sans à-coup particulier, selon une équation dite « de Schrödinger ». Cette équation énonce comment l'état à un instant $t$ est modifié en fonction des forces qui agissent sur le système à cet instant. Connaissant l'état initial du système et les interactions qu'il subit au cours du temps, le physicien peut résoudre l'équation et connaître l'état à chaque instant.

Une analogie peut être ici utile. Supposons que l'état soit un vecteur à 3 dimensions ; il peut être représenté par une flèche dans l'espace ; rendons cette flèche matérielle en disant qu'elle est un mince bâton, qui pointe selon une certaine

---

1. Au lieu de 50-50, des états superposés peuvent attribuer par exemple 10 % de chances à un résultat et 90 % à un autre. Leur expression mathématique étant plus compliquée, nous nous limitons ici aux exemples 50-50.

2. Déterminer quand une interaction doit être considérée comme une mesure est un problème abordé p. 20.

direction. L'équation de Schrödinger dit comment ce bâton évolue ou pivote au cours du temps en fonction de sa position initiale et des interactions que le système reçoit.

### Lors d'une mesure

Si une mesure est effectuée, l'état du système peut changer brusquement lors de cette mesure. En fonction du résultat obtenu lors de la mesure, un nouvel état est attribué au système. Avec l'analogie utilisée plus haut, un nouveau bâton est substitué à l'ancien bâton, pointant éventuellement dans une nouvelle direction.

Considérons tout d'abord le cas simple d'un état propre (non superposé), par exemple un atome d'hydrogène dont l'état est $|-13,6\,eV>$. La mécanique quantique prédit avec certitude qu'une mesure de l'énergie donnera pour résultat $-13,6\,eV$, ainsi que nous l'avons vu. Quel sera l'état juste après la mesure ? Il ne change pas et vaut toujours $|-13,6\,eV>$. De façon générale, un état propre n'est pas modifié par une mesure de la quantité correspondante.

Considérons un autre atome d'hydrogène dans l'état superposé $|-13,6\,eV> + |-3,4\,eV>$. La mécanique quantique prédit que, si on mesure son énergie, il y a une chance sur deux qu'on obtienne $-13,6\,eV$, et une chance sur deux qu'on obtienne $-3,4\,eV$. Supposons que, la mesure étant effectuée, on obtienne pour résultat $-13,6\,eV$. Dans ce cas, le nouvel état que la mécanique quantique attribue au système est juste $|-13,6\,eV>$, c'est-à-dire la partie de l'état correspondant à la valeur obtenue. On parle de « réduction » ou de « projection » de l'état lors de la mesure, parce que de deux termes on passe à un. Pour un système dans un état superposé, le fait de procéder à une mesure change l'état du système. L'interprétation orthodoxe considère donc, de façon générale, qu'une mesure ne *révèle* pas seulement l'état du système, mais le modifie, et ce de façon aléatoire.

## L'IMAGE ORTHODOXE DU MONDE

### *Entités et propriétés*

#### *De quoi se compose le monde ?*

Précisons maintenant l'image du monde selon l'interprétation orthodoxe de la mécanique quantique. Tout d'abord, l'état du système, ou la fonction d'onde (le bâton), n'est pas considéré comme une entité du monde, ou comme référant ou correspondant à un objet du monde. Il est seulement considéré comme un outil prédictif, qui permet de calculer les différentes probabilités de mesure. Ce ne sont pas les états des systèmes, mais les systèmes quantiques eux-mêmes qui ont le statut d'entités, au sens où ils composent l'image du monde et peuvent recevoir des propriétés. Par exemple, le monde orthodoxe se compose d'électrons, de photons ou de molécules – ce qui peut sembler aller de soi.

#### *Lorsque des propriétés ne sont pas définies*

Une autre caractéristique du monde orthodoxe est certainement moins naturelle : on considère qu'un système n'a pas toujours de propriété ; par exemple, dans de nombreux cas, l'interprétation orthodoxe n'attribue pas de position, de vitesse ou d'énergie à un atome – ou elle dit que ces propriétés ne sont pas définies. Plus précisément, un système est considéré comme ayant une propriété lorsque le résultat de mesure peut être prédit avec certitude. Cela correspond au cas où son état n'est pas dans une superposition de différents résultats pour cette grandeur. Par exemple, on dit que le système dans l'état | ici > a une position parce que, si on la mesure, on peut prédire avec certitude qu'il sera trouvé ici. A contrario, on dit que le système avec l'état | ici > + | là > n'a pas de position, parce que la prédiction quantique n'est pas certaine. L'interprétation orthodoxe est ici en accord avec l'opérationnalisme[1], qui considère que le sens d'un concept théorique (par exemple : « position d'un système quantique ») provient de la façon dont il peut être mesuré ; et si le résultat de sa mesure n'est pas assuré, alors il n'a pas de sens et il n'est pas défini.

Il existe un cas où un système a une propriété à coup sûr : il s'agit du moment juste après une mesure. En effet, la mesure a réduit l'état du système sur un état propre, correspondant au résultat de la mesure. Par exemple, l'état $|ici> + |là>$ a été réduit sur l'état $|là>$. À un tel état propre, la mécanique quantique associe une propriété, en l'occurrence ici la position, avec la valeur « là ». Cela est cohérent : juste après une mesure où le système a été trouvé là, on peut encore dire qu'il est là.

### Par quel(s) trou(s) est passé l'électron ?

On doit donc considérer qu'un système ne possède pas, de manière générale, de propriété vis-à-vis de sa position ou de sa vitesse. Considérons un autre exemple, avec l'expérience dite des trous d'Young. Cette expérience célèbre consiste à diriger un faisceau d'électrons (initialement, l'expérience concernait un faisceau de lumière) vers une plaque qui n'est percée que de deux petits trous rapprochés ; on détecte les électrons à bonne distance derrière la plaque, sur un écran. Lorsque seulement l'un des trous est ouvert, on observe une certaine figure sur l'écran ; lorsque les deux trous sont ouverts simultanément, la figure observée n'est pas la somme des deux figures lorsqu'un seul trou est ouvert : c'est ce qu'on appelle une figure d'interférences. La mécanique quantique permet de rendre parfaitement compte de cela, et les calculs montrent que, pour la position finale d'*un* électron, il faut tenir compte du fait que

---

1. *Cf.* chapitre II.

les *deux* trous sont ouverts. Cela veut-il dire que l'électron se dédouble, qu'il ne passe pas vraiment par un des deux trous, ou qu'il passe par un des trous sans qu'on puisse le savoir? La réponse de l'interprétation orthodoxe est la suivante : il n'est pas vrai qu'un électron emprunte l'un ou l'autre des trous; plutôt, le concept de position ou de trajectoire ne s'applique pas au niveau de la plaque (car l'électron n'est pas dans un état propre de position). Ainsi, l'interprétation orthodoxe n'attribue pas de trajectoire à l'électron entre son émission en amont et sa réception en aval de la plaque percée, et refuse de répondre à la question « par quel trou l'électron est-il passé ? ».

On note que l'interprétation orthodoxe est assez minimaliste par certains aspects : elle n'attribue pas de propriété à un système en toute occasion, et ne cherche donc pas à décrire une réalité à chaque instant. Elle se contente de rendre compte des résultats de mesures, qui sont de rares moments après lesquels les systèmes ont des propriétés. Ce faisant, l'interprétation orthodoxe présente certains traits de l'instrumentalisme : elle fait de la mécanique quantique un simple instrument pour prédire des phénomènes observables, les résultats de mesures. Elle ne se prononce pas beaucoup plus que cela sur l'image du monde.

### Faits expérimentaux

Dans l'image orthodoxe du monde, les faits concernent des résultats de mesures existants, ou qui peuvent être prédits avec certitude – un peu comme les propriétés concernent des résultats qui peuvent être prédits avec certitude. Considérons par exemple l'expérience suivante, qui est décrite dans les termes du langage courant. L'expérience comprend un atome radioactif, qui est un atome susceptible de se désintégrer au fil du temps, placé devant un compteur Geiger, c'est-à-dire un appareil détectant les désintégrations des atomes radioactifs.

Au bout d'un certain temps (au temps *t*), le compteur émet un « clic », indiquant que l'atome s'est désintégré.

Selon l'interprétation orthodoxe de la mécanique quantique, il existe un fait à propos de la désintégration de l'atome au temps *t*, comme on l'exprime dans le langage courant. En l'occurrence, l'expérience montre que la désintégration a eu lieu. L'interprétation orthodoxe fournit donc l'image d'un monde dans lequel l'atome est désintégré. Ces remarques peuvent sembler triviales, mais elles méritent d'être précisées car d'autres interprétations quantiques ne les partagent pas.

### Un monde indéterministe

Comment doit-on comprendre les probabilités qui sont au cœur des prédictions de la mécanique quantique ? Selon l'interprétation orthodoxe, ces probabilités sont le signe d'un hasard fondamental ou, pour le dire autrement, le monde est *indéterministe*. Le hasard survient lors d'une mesure, au moment de la réduction que subit l'état du système. Cette réduction est aléatoire : rien, au sein du système quantique lui-même ou de l'appareil de mesure, ne pré-détermine le résultat de la mesure et la projection de l'état suivant tel ou tel nouvel état. Ce qui est fixé, en revanche, c'est la régularité statistique avec laquelle les différents résultats sont obtenus, pour un état donné. Par exemple, pour l'état $|-13,6\,\text{eV}> + |-3,4\,\text{eV}>$, on obtient effectivement lors des expériences 50 % de résultats à $-13,6\,\text{eV}$ et 50 % de résultats à $-3,4\,\text{eV}$.

Comme le résultat de la mesure n'est déterminé par rien (mis à part par cette régularité statistique), on dit que les probabilités employées dans les prédictions de la théorie sont à interpréter objectivement, c'est-à-dire qu'elles représentent un hasard objectif, réel. Dieu joue vraiment aux dés, pour ainsi dire. Même lui ne peut dire, avant le résultat de mesure, si, dans un état | ici > + | là >, le système va effectivement être trouvé ici ou là. Les probabilités quantiques ne reflètent donc pas une ignorance de notre part[1], et l'état quantique décrit complètement le système. C'est en ce sens que les probabilités quantiques représentent, selon l'interprétation orthodoxe, un hasard fondamental et inhérent à notre monde. Ce hasard se traduit par la perturbation fondamentale et incontrôlable qui provient de la mesure (ou de l'appareil de mesure) sur le système quantique.

Il est important de noter que ce caractère indéterministe ne concerne qu'une seule partie de la dynamique des systèmes quantiques : la réduction de l'état lors d'une mesure. L'équation de Schrödinger qui régit l'évolution temporelle de l'état, hors mesure, est quant à elle tout à fait déterministe. Il n'y a aucun hasard dans l'évolution de l'état *entre* deux mesures.

### Monde quantique, monde classique

L'existence de deux règles d'évolution distinctes (réduction de l'état, équation de Schrödinger) suppose la distinction entre les interactions qui sont à considérer comme des mesures et celles qui n'en sont pas. Cela suppose par conséquent de distinguer d'une part ce qui joue le rôle d'un appareil de mesure, responsable des premières, et d'autre part tout le reste du monde, traité quantiquement, responsable des secondes. Cette séparation entre un appareil de mesure classique et un monde quantique est au cœur de la mécanique quantique orthodoxe, qui ne peut traiter tout le monde quantiquement : une partie du monde doit être classique pour pouvoir interagir avec le système quantique et être à même d'enregistrer un résultat de mesure. Même si cette séparation

---

1. Cf. *supra*, p. 37, note 2.

peut changer en fonction de l'expérience[1], son existence est indispensable pour l'interprétation orthodoxe de la mécanique quantique. L'image orthodoxe du monde est toujours divisée en deux, l'une classique, l'autre quantique.

Une autre caractéristique du monde quantique orthodoxe, la non-localité, est discutée en détail dans la seconde partie de l'ouvrage.

## LE PROBLÈME DE LA MESURE

L'interprétation orthodoxe est très largement acceptée dans la communauté scientifique en dépit d'un problème conceptuel, appelé traditionnellement « problème de la mesure », qui ronge cette interprétation depuis ses débuts, sous différentes versions[2]. Par problème conceptuel, il faut entendre l'existence d'un problème de cohérence interne concernant la formulation de la théorie et son interprétation. Cependant, ce problème n'empêche absolument pas la théorie d'être utilisée et appliquée avec succès par les physiciens. Selon une formule célèbre de Bell, à propos de la mécanique quantique orthodoxe : « à toutes fins pratiques, tout va bien »[3].

---

1. La limite entre les parties classique et quantique du monde n'est pas définitive ; par exemple, ce qui était considéré comme un appareil de mesure peut être ensuite traité quantiquement, dès lors qu'une autre partie du monde est considérée classiquement, et joue le rôle d'un autre appareil de mesure.

2. Parmi les références classiques sur ce sujet, citons D. Z. Albert, *Quantum Mechanics and Experience*, Cambridge (MA) et London, Harvard University Press, 1992, chap. 4 ; J. S. Bell, « Against "measurement" », *Physics World*, août 1990, p. 33-40 ; H. Krips, « Measurement in Quantum Theory », *op. cit.* ; D. Wallace, « The Quantum Measurement Problem : State of Play », *in* D. Rickles (ed.), *The Ashgate Companion to Contemporary Philosophy of Physics*, Aldershot, Ashgate Publishing, 2008, p. 16-98, disponible en prépublication à http://arxiv.org/abs/0712.0149.

3. « [IT] IS JUST FINE FOR ALL PRACTICAL PURPOSES », J. S. Bell, « Against "measurement" », art. cit., p. 33.

C'est d'ailleurs pour cette raison que le problème de la mesure est souvent ignoré par des physiciens ayant une approche pragmatique. Il n'en reste pas moins qu'un problème existe concernant la formulation précise de la théorie.

Le problème de la mesure naît de l'existence de deux règles d'évolution pour l'état du système, l'équation de Schrödinger et la réduction de l'état. Ces lois sont incompatibles et ne peuvent s'appliquer simultanément : la première est déterministe et continue, la seconde est indéterministe et discontinue. Le problème est le suivant : la théorie ne définit pas les circonstances dans lesquelles les deux règles différentes s'appliquent. Autrement dit, le terme de « mesure », qui est au cœur des axiomes de la théorie, n'est pas défini. La mécanique quantique orthodoxe ne donne pas de limite à ce qui vaut comme mesure. Elle est, selon les termes de Bell, « ambiguë par principe »[1]. Cette frontière peut changer au gré des utilisations de la théorie, lui donnant un regrettable « caractère fuyant »[2].

Certaines tentatives de résolution du problème ont été proposées, mais elles n'améliorent pas le flou initial : il en va ainsi des prescriptions selon lesquelles l'appareil de mesure doit être « macroscopique », présenter un comportement « irréversible », être lié à un « observateur », etc. Ces concepts ne sont pas particulièrement mieux définis que celui de « mesure » qui figure dans la formulation orthodoxe de la théorie.

Répétons-le : le problème est d'ordre conceptuel et non pas d'ordre empirique. Les physiciens n'ont aucune difficulté à se servir de la théorie pour en tirer des prédictions, et ils savent d'expérience comment délimiter l'appareil de mesure et le

1. J. S. Bell, « Against "measurement" », art. cit., p. 35.
2. J. S. Bell, *Speakable and Unspeakable in Quantum Mechanics*, Cambridge, Cambridge University Press, 1987, p. 188.

système quantique afin d'obtenir la précision requise. La mécanique quantique est parfaitement convenable d'un point de vue pragmatique. Le problème est seulement d'énoncer la théorie clairement, de façon cohérente et sans ambiguïté.

Ce problème a été appelé « problème de la mesure » à cause de la formulation qu'il a prise initialement dans le cadre de l'interprétation orthodoxe : il porte sur la définition de ce qu'est une mesure. De façon plus générale, le problème de la mesure consiste à proposer une interprétation satisfaisante de la mécanique quantique (et, éventuellement, une nouvelle formulation de la théorie), qui soit en accord avec les résultats empiriques. Puisque l'interprétation orthodoxe souffre d'un problème conceptuel, il apparaît légitime d'avancer d'autres interprétations de la théorie. Aussi le problème de la mesure est-il généralement tenu pour l'origine de la diversité des interprétations quantiques.

# CHAPITRE IV

# L'INTERPRÉTATION DE BOHM

Parmi les interprétations alternatives à l'interprétation orthodoxe de la mécanique quantique, celle de de Broglie-Bohm est peut-être la plus ancienne qui continue d'être considérée favorablement aujourd'hui. Elle a été proposée par Louis de Broglie en 1927, puis redécouverte indépendamment en 1952 par David Bohm, qui en a développé les bases mathématiques. Ce chapitre présente cette interprétation qu'on appelle aussi la « mécanique bohmienne »[1].

## PRÉSENTATION GÉNÉRALE

Dans la mécanique quantique orthodoxe, les prédictions probabilistes sont interprétées de façon objective, comme reflétant un indéterminisme fondamental, et on considère que l'état quantique, ou fonction d'onde, fournit une description

---

1. Ce chapitre s'appuie notamment sur D. Z. Albert, *Quantum Mechanics and Experience*, *op. cit.*, chap. 7 ; D. Bohm, « A Suggested Interpretation of Quantum Theory in terms of "Hidden" Variables », *Physical Review*, 85, 1952, p. 166-193 ; D. Dürr et S. Teufel, *Bohmian Mechanics : The Physics and Mathematics of Quantum Theory*, Berlin et Heidelberg, Springer-Verlag, 2009 ; S. Goldstein, « Bohmian Mechanics », *in* E. N. Zalta (ed.), http://plato.stanford.edu/archives/spr2009/entries/qm-bohm/, 2009 ; D. Wallace, « The Quantum Measurement Problem : State of Play », *op. cit.*, sec. 6.

complète des systèmes quantiques. Une telle interprétation a longtemps rencontré des résistances. N'est-il pas possible de dépasser le caractère probabiliste des prédictions, et d'être capable de prédire assurément le résultat d'une mesure ? Dans ce but, ne peut-on pas compléter l'état de la mécanique quantique orthodoxe par d'autres variables « cachées », qui détermineraient ce résultat ? Alors, les probabilités quantiques seraient seulement le reflet de notre ignorance vis-à-vis du détail de ces variables additionnelles.

L'interprétation de Bohm peut être considérée comme le résultat d'une tentative de compléter la mécanique quantique orthodoxe. En plus de la fonction d'onde, elle décrit un système quantique avec des « variables cachées », en l'occurrence les positions des particules. Celles-ci ont toujours une valeur précise à chaque instant et elles déterminent le résultat d'une mesure. La mécanique bohmienne est ainsi déterministe et les probabilités des prédictions théoriques ne sont que le reflet d'une ignorance de notre part vis-à-vis de ces variables cachées. Néanmoins, l'arrangement théorique de ces variables cachées est tel que les prédictions de la mécanique bohmienne sont exactement les mêmes que celles de la mécanique quantique orthodoxe. Ainsi, compléter la théorie avec certaines variables en décrivant une histoire en-dessous du formalisme orthodoxe, et parvenir à améliorer les prédictions empiriques, sont deux choses distinctes ; la mécanique bohmienne fait la première, mais pas la seconde.

## LA FORMULATION DE LA MÉCANIQUE BOHMIENNE

La formulation naturelle de la mécanique bohmienne est différente de celle de la mécanique quantique orthodoxe, notamment à cause des variables supplémentaires qui sont introduites[1]. Elle s'énonce ainsi :

> – un système de $n$ particules est décrit par deux quantités : une fonction d'onde[2] $|\psi\rangle$ et les positions $q_1$, $q_2$... $q_n$ des $n$ particules ;
> – la fonction d'onde évolue selon l'équation de Schrödinger ;
> – les positions $q_i$ des particules évoluent selon une équation dite « pilote » ;
> – un postulat dit de l'équilibre quantique indique les conditions initiales concernant la position des particules.

Ces postulats méritent quelques commentaires. En mécanique bohmienne, on retrouve tout d'abord la fonction d'onde $|\psi\rangle$, comme en mécanique quantique orthodoxe. La différence est qu'elle évolue ici *toujours* selon l'équation de Schrödinger, n'étant pas sujette à un postulat de réduction. Après une mesure, aura-t-elle alors une valeur différente par rapport à la fonction d'onde orthodoxe ? Il est possible de montrer que non, au sens suivant : pour les calculs et les prédictions que l'on peut faire sur un système après qu'il ait subi une mesure, il est équivalent de considérer en mécanique bohmienne que la fonction d'onde n'a pas subi de réduction ou qu'elle en a subi une[3]. Aussi, à toutes fins pratiques et calculatoires, on peut considérer que la fonction d'onde bohmienne évolue en fait de la même façon que celle de la

---

1. Aussi, certains auteurs, adeptes d'une conception syntaxique des théories, préfèrent parler de « théorie » plutôt que d'« interprétation » de Bohm.

2. L'interprétation bohmienne préfère le terme de « fonction d'onde » à celui d'« état » (qui étaient jusqu'à présent synonymes) parce qu'elle complète justement l'état du système avec de nouvelles variables.

3. *Cf.* par exemple D. Z. Albert, *Quantum Mechanics and Experience*, *op. cit.*, p. 157-158.

mécanique quantique orthodoxe. Cela est à l'origine de l'équivalence empirique entre des deux interprétations [1].

En plus de la fonction d'onde, la mécanique bohmienne introduit des variables supplémentaires : les positions des particules $q_i$, qui sont les fameuses « variables cachées » [2]. Ces variables sont définies à chaque instant $t$, donc les particules bohmiennes ont toujours une position et une trajectoire, contrairement à la conception orthodoxe. Ne pourrait-on pas mettre en place des mesures pour déterminer ces positions ? On pourrait alors formuler des prédictions précises, en dépassant les probabilités orthodoxes. Mais cela n'est malheureusement pas possible : quelle que soit la mesure envisagée, les équations bohmiennes elles-mêmes empêchent que ces positions ne soient déterminées précisément [3]. Les positions $q_i$ sont définies théoriquement par la mécanique bohmienne, mais elles ne peuvent être connues que de façon statistique. Aussi, d'un point de vue prédictif, elles n'apportent en fait rien de nouveau par rapport à la mécanique quantique orthodoxe.

Comment évolue la position des particules ? Une nouvelle équation affirme que c'est la fonction d'onde et elle seule qui guide les particules, d'où son appellation d'« onde-pilote » (troisième postulat). Si la fonction d'onde influe sur la position des particules, l'inverse n'est pas vrai : la fonction d'onde évolue seulement selon l'équation de Schrödinger. Enfin, le dernier postulat précise la position initiale des particules, d'une façon telle que la mécanique bohmienne donne des

---

1. La question de l'équivalence des prédictions sera approfondie au chap. VI.

2. Pour une critique de ce terme, *cf.* par exemple J. S. Bell, *Speakable and Unspeakable in Quantum Mechanics, op. cit.*, p. 201-202.

3. Il existe une limite de principe à la statistique qu'il est possible de connaître expérimentalement, ou « incertitude absolue » ; *cf.* D. Dürr, S. Goldstein, N. Zanghì, « Quantum Equilibrium and the Origin of Absolute Uncertainty », *Journal of Statistical Physics*, 67, 1992, p. 843-907.

prédictions identiques à celles de la mécanique quantique orthodoxe.

## L'IMAGE BOHMIENNE DU MONDE

### *Entités et propriétés*

Précisons en quoi consiste l'image du monde selon l'interprétation bohmienne, et tout d'abord ce que sont les entités qu'elle considère. Il en existe deux types : la fonction d'onde d'une part, et les particules d'autre part.

La fonction d'onde, tout d'abord, est considérée dans sa dimension spatiale seulement, c'est-à-dire comme une fonction qui associe à chaque point de l'espace un nombre, à un instant donné (un peu comme on peut attribuer à chaque point de l'espace une température); on appelle cela un « champ ». Cette fonction d'onde, ou ce champ, est considérée comme une entité authentiquement physique ; ces nombres en chaque point de l'espace renvoient à quelque chose de réel et d'objectif, qui existe bel et bien. La fonction d'onde bohmienne n'a donc rien à voir avec la simple représentation mathématique, utile dans les calculs, de la mécanique quantique orthodoxe.

Les particules constituent la seconde sorte d'entités que l'interprétation bohmienne considère. Selon un manuel de mécanique bohmienne, « chaque fois que vous dites "particule", pensez-le vraiment ! »[1]. Cela signifie notamment qu'il faut prendre le terme en un sens traditionnel et classique, comme référant à un objet qui a toujours une position précise, à chaque instant.

Ces particules sont fondamentales en mécanique quantique bohmienne dans la mesure où toutes les autres grandeurs mesurables – vitesse ou impulsion, énergie... –

---

1. D. Dürr et S. Teufel, *Bohmian Mechanics : The Physics and Mathematics of Quantum Theory*, *op. cit.* p. v et 7.

peuvent s'exprimer au moyen de la position des particules. En effet, les bohmiens insistent sur le fait que toute mesure se ramène toujours *in fine* à la détermination de positions : position d'une aiguille d'un instrument, position d'un atome en sortie d'un appareil de mesure, position d'un photon sur notre rétine, etc. Lors de la mesure d'une grandeur quelconque, il existe toujours un fait à propos des positions de ces particules ; par conséquent, il existe aussi un fait à propos des résultats de mesures de grandeurs quelconques.

### Des résultats contextuels

Dans la mécanique bohmienne, les résultats des mesures sont contextuels : selon qu'une grandeur physique est mesurée dans un contexte expérimental ou dans un autre, le résultat de la mesure peut être différent. Autrement dit, le dispositif expérimental influence les propriétés mesurées ; une mesure ne révèle pas simplement des propriétés préexistantes du système.

Illustrons cette caractéristique sur un exemple, la mesure du spin d'un électron. Le spin est une propriété typiquement quantique, c'est-à-dire qu'elle ne ressemble à rien de connu dans d'autres théories. Pour se faire une idée de ce qu'est le spin, le mieux est de regarder comment fonctionne un appareil qui le mesure. L'appareil consiste en un espace où règne un champ magnétique orienté dans une direction précise, par exemple vers le haut. Lorsqu'un électron traverse cet appareil, le champ magnétique va dévier l'électron verticalement, et on enregistre sa position de sortie. On observe expérimentalement seulement deux positions de sortie : ou bien l'électron est dévié dans le sens du champ magnétique (on dira que l'électron possède un spin « + », et on notera son état « |+> ») ou bien dans le sens contraire du champ magnétique (on dira que l'électron possède un spin « − », et on notera son état « |−> »). Les électrons dont l'état est |+> ressortent toujours dans le sens du champ magnétique, ici vers le haut, et ceux dont l'état est $|->$ toujours dans le sens contraire.

Considérons maintenant un électron dont l'état est une superposition entre ces deux états, comme $|+>+|->$[1]. Une telle superposition signifie que la mécanique quantique fait la prédiction suivante : le spin sera mesuré « + » avec une probabilité de 50 % et « – » avec une probabilité de 50 %. Cela est valable que la mécanique quantique soit interprétée de façon orthodoxe ou bohmienne ; cependant les deux interprétations diffèrent sur ce qu'on peut dire au-delà de ces probabilités. Pour l'interprétation orthodoxe, il n'y a rien à dire de plus, au sens où il n'y a rien qui détermine le résultat « + » ou « – ». Pour l'interprétation bohmienne, en revanche, le fait que l'électron ait une position précise avant d'entrer dans l'appareil (même si nous ne la connaissons pas) va déterminer sa trajectoire dans l'appareil et donc le résultat de la mesure du spin. Par exemple, les équations bohmiennes indiquent qu'un électron positionné initialement dans la partie supérieure de l'appareil (même très légèrement) aura une trajectoire vers le haut, donc ici dans le même sens que le champ magnétique, et sera mesuré « + », tandis qu'un électron positionné initialement dans la partie inférieure aura une trajectoire vers le bas et sera mesuré « – ».

Le caractère contextuel de cette mesure vient du fait que ces trajectoires *ne dépendent pas* de l'orientation de l'appareil, tandis que le qualificatif de « + » ou « – », pour les résultats, *dépendent* de l'orientation de l'appareil. Par exemple, un électron positionné initialement dans la partie supérieure de l'appareil aura toujours une trajectoire vers le haut. Avec un appareil dont le champ magnétique est orienté vers le haut, un tel électron sera qualifié de « + » ; mais avec un appareil dont le

---

1. On peut l'obtenir à partir d'un électron sortant d'un autre appareil mesurant le spin, tourné de 90° autour de son axe.

champ magnétique pointe vers le bas, le spin sera qualifié de
« – ». Ainsi, le résultat de la mesure du spin dépend de
l'orientation de l'appareil, c'est-à-dire du contexte expérimental. De façon générale, l'interprétation bohmienne ne
permet pas de dire qu'un électron a en soi un spin « + » ou « – » ;
attribuer une propriété de spin n'a de sens qu'une fois le
contexte de la mesure précisé. Le résultat de la mesure
est déterminé à l'avance (il n'est pas « indéterminé » ou
« indéfini »), mais il dépend du contexte exact de l'expérience
menée.

### Un monde déterministe

L'image bohmienne du monde est déterministe.
D'une part, la fonction d'onde évolue selon l'équation de
Schrödinger, dont on a dit qu'elle est déterministe ; aucun
hasard n'entre en compte, et la fonction d'onde ne subit jamais
de projection aléatoire. D'autre part, la position des particules
est donnée par une équation qui fait intervenir seulement la
fonction d'onde, sans aucune notion de hasard non plus.

En revanche, le monde bohmien nous *apparaît*
indéterministe, car nous n'avons pas accès aux positions
des particules. Sans connaissance de la valeur de ces variables
$q_i$, nous ne pouvons dire ni où se trouvent exactement les
particules, ni où elles se trouveront à un instant ultérieur.
Cependant, nous ne sommes pas complètement démunis. La
fonction d'onde, tout d'abord, peut être connue précisément.
Par ailleurs, la théorie permet d'affirmer (à partir du postulat
de l'équilibre quantique) que la densité de particules dans
l'espace dépend directement de la fonction d'onde. Autrement
dit, si la fonction d'onde est nulle ici, alors il ne peut pas y avoir
de particules, et si elle a une grande valeur là, alors il y aura
plus de chance d'y trouver des particules.

Aussi, les probabilités de la mécanique quantique prennent
avec l'interprétation bohmienne un tout autre sens qu'avec

l'interprétation orthodoxe. Les probabilités reflètent seulement une ignorance de notre part vis-à-vis d'une histoire sous-jacente qui détermine le cours des événements. Ne connaissant que la densité moyenne des particules, nous sommes réduits à fournir des prédictions moyennes. Comme les probabilités reflètent ici non pas un hasard objectif, mais une méconnaissance de notre part, on dit qu'elles sont à interpréter de façon épistémique. C'est une situation semblable à l'usage de statistiques dans la vie courante, par exemple avec des catégories socio-professionnelles : si vous savez que 30 % des ouvriers ont voté dernièrement pour le parti A, et que vous rencontrez un ouvrier, vous pouvez prédire avec 30 % de chances qu'il a voté pour le parti A. La probabilité que vous attribuez à son vote reflète simplement la connaissance limitée que vous avez de cette personne, plutôt qu'une propriété fondamentale de cette personne elle-même (qui, cela est sûr, a voté ou non pour ce parti A, et le sait à 100 %). Il y a cependant une différence : alors que vous pouvez améliorer votre prédiction sur le vote de cet ouvrier (par exemple en lui demandant son avis sur un autre parti B, ou en lui demandant ce qu'il a voté), vous ne pouvez pas améliorer votre prédiction quantique en connaissant plus précisément les positions des particules[1]. L'interprétation bohmienne esquisse une histoire déterministe sous-jacente aux probabilités, mais ne dit pas complètement comment celle-ci se déroule.

Une autre caractéristique du monde selon l'interprétation bohmienne, la non-localité, est discutée en détail dans la seconde partie de l'ouvrage.

---

1. *Cf.* p. 51, note 3.

# CHAPITRE V

# L'INTERPRÉTATION DES MONDES MULTIPLES

Une autre interprétation de la mécanique quantique a les faveurs de nombreux physiciens et philosophes des sciences. Il s'agit de l'interprétation proposée par Everett en 1957 et qui est aussi appelée l'interprétation des mondes multiples (cette dénomination est prise ici pour synonyme d'« interprétation d'Everett »)[1].

## PRÉSENTATION ET FORMULATION
### DE LA MÉCANIQUE QUANTIQUE EVERETTIENNE

### *L'équation de Schrödinger comme seule loi d'évolution*

Reprenons la formulation orthodoxe de la mécanique quantique (*cf.* chap. III). Celle-ci donne deux lois d'évolution

---

1. Ce chapitre s'appuie notamment sur D. Z. Albert, *Quantum Mechanics and Experience, op. cit.*, chap. 6; J. Barrett, « Everett's Relative State Formulation of Quantum Mechanics », *in* E. N. Zalta (ed.), http://plato.stanford.edu/archives/spr2011/entries/qm-everett/, 2011; H. Everett, « "Relative State" Formulation of Quantum Mechanics », *Reviews of Modern Physics*, 29, 1957, p. 454-462; L. Vaidman, « Many-Worlds Interpretation of Quantum Mechanics », *in* E. N. Zalta (ed.), http://plato.stanford.edu/archives/fall2008/entries/qm-manyworlds/, 2008; D. Wallace, « The Quantum Measurement Problem : State of Play », *op. cit.*, sec. 4.

pour l'état ou la fonction d'onde d'un système quantique : en-dehors d'une mesure, l'état du système suit l'équation de Schrödinger, tandis que lors d'une mesure, il suit le postulat de projection. Or rien ne définit précisément dans la théorie ce qui constitue une mesure et les circonstances dans lesquelles l'une ou l'autre de ces deux lois doit s'appliquer. Tel est le problème de la mesure, qui ronge l'interprétation orthodoxe.

L'interprétation des mondes multiples propose la solution suivante à ce problème : supprimer le postulat de réduction de la fonction d'onde, et ne garder que l'équation de Schrödinger. Cette dernière est la seule et vraie équation du mouvement, à laquelle obéit tout état quantique. Il n'y a plus d'ambiguïté dans l'application des lois quantiques, ni dans la définition de ce qu'est une « mesure ».

### Mesure et superpositions

Si une telle solution peut sembler attirante, car elle résout effectivement le problème indiqué, elle soulève d'autres difficultés qui la rendent inacceptable en tant que telle. Voyons ce que sont ces nouvelles difficultés à travers un exemple. Hormis le postulat de projection, nous utilisons ici tout le reste de la mécanique quantique orthodoxe.

Considérons un électron qui entre dans un appareil capable de mesurer son spin. Comme nous l'avons vu au chapitre précédent, le résultat de la mesure de ce spin peut être « + » ou « − ». Le système quantique que nous considérons désormais n'est pas constitué de l'électron, mais de l'électron *et* de cet appareil mesurant le spin. Dès lors, l'état quantique qui est attribué au système concerne à la fois l'électron et l'appareil. Par exemple, si un électron ressort de l'appareil en position « + », et que l'appareil a enregistré le résultat « + », l'état du système électron-appareil pourra s'écrire

| l'électron est + et l'appareil a mesuré « + » >,

ce qu'on abrégera, en convenant de noter d'abord ce qui concerne l'électron et ensuite le résultat de l'appareil, en

$|+;+>$,

ou encore, en séparant l'état du système en deux états, un pour l'électron et l'autre pour l'appareil :

$|+>|+>$.

Avant que l'appareil ne mesure un spin, il n'a encore rien enregistré ; on supposera qu'il est dans un état de disponibilité noté « $|prêt>$ ». L'appareil est supposé mesurer le spin correctement, c'est-à-dire de la façon idéale suivante : s'il est prêt et que l'électron est dans un état $|+>$, alors l'appareil identifie correctement l'état $|+>$ et l'état de l'électron n'est pas modifié, et est encore dans un état $|+>$. On note cela :

$|+>|prêt> \rightarrow$ (mesure) $\rightarrow |+>|+>$.          (éq. 1)

De même pour un état $|->$ :

$|->|prêt> \rightarrow$ (mesure) $\rightarrow |->|->$.          (éq. 2)

Considérons un électron dans un état superposé $|+>+|->$, et un appareil dans l'état $|prêt>$. Puisque nous notons l'état de l'électron avant celui de l'appareil, l'état initial du système électron-appareil est

$(|+>+|->)|prêt>$

ou

$|+>|prêt>+|->|prêt>$.

Que se passe-t-il lorsque cet électron entre dans l'appareil et que son spin est mesuré ? Chacun des termes de l'état précédent est simplement transformé selon les équations 1 et 2 ci-dessus :

$|+>|prêt>+|->|prêt> \rightarrow$ (mesure) $\rightarrow$

$|+>|+>+|->|->$.          (éq. 3)

Autrement dit, le système composé de l'électron et de l'appareil est finalement dans un état superposé.

### Une autre version du problème de la mesure

Ainsi que nous l'avons vu, la mécanique quantique orthodoxe ne s'arrête pas à cet état final $|+>|+>+|->|->$, et dit qu'il doit encore être réduit selon le résultat de la mesure. Par exemple, si c'est le résultat «+» qui est observé, alors seul le premier terme est conservé par la réduction, et l'état final du système s'écrit $|+>|+>$. Cet état a une signification claire : l'électron a un spin «+», et l'appareil a enregistré le résultat «+».

Mais si, comme cela a été envisagé plus tôt, on retire le postulat de projection, alors l'état final $|+>|+>+|->|->$ est conservé en entier. Quelle est sa signification ? Que veut dire le fait que l'électron et l'appareil soient dans un état superposé ? Rappelons que, de façon orthodoxe, cet état signifie qu'il n'existe aucun fait à propos du spin de l'électron, ni aucun fait à propos du résultat qu'indique l'appareil[1]. Autrement dit, il n'existe pas de résultat concernant la mesure. Un objet macroscopique tel que l'appareil de mesure de spin peut être en état de superposition avec un électron, sans propriété définie.

Or les physiciens constatent au laboratoire qu'il existe bel et bien un résultat, «+» ou «−». L'électron ressort ou bien en haut ou bien en bas de l'appareil, mais il ressort, et l'appareil de mesure de spin affiche un résultat. Il y a donc une contradiction flagrante entre l'état final $|+>|+>+|->|->$ tel qu'on l'interprète ici et les résultats expérimentaux.

D'où vient ce problème ? Il a pour origine la suppression pure et simple du postulat de projection. Celui-ci avait un rôle central, puisqu'il revenait à opérer une sélection d'un des deux termes $|+>|+>$ ou $|->|->$, de sorte qu'il existe un fait à propos du résultat. Sans ce postulat de projection, le problème initial de la mesure disparaît, mais un autre réapparaît. On

---

1. En effet, mis à part le postulat de projection, nous n'avons pas renoncé aux autres aspects de l'interprétation orthodoxe. Notamment, il existe un fait à propos d'une propriété si seulement elle peut être prédite avec une probabilité de 100 %. Or l'état considéré ici s'interprète comme 50 % de chances que le résultat soit «+» et 50 % qu'il soit «−».

considère généralement ce nouveau problème, qu'on appelle la superposition d'objets macroscopiques, comme étant une autre version du problème de la mesure[1].

Si l'on veut poursuivre dans cette voie qui rejette le postulat de projection, il est donc nécessaire de donner un autre sens à une superposition telle que $|+>|+>+|->|->$, de sorte à ce qu'elle soit compatible avec les observations empiriques. Autrement dit, il est nécessaire de modifier d'autres aspects de l'interprétation orthodoxe. L'interprétation des mondes multiples s'engage sur ce chemin.

### La solution everettienne

#### Une multiplicité de mondes

Sa solution consiste à abandonner, en plus du postulat de projection, la lecture orthodoxe concernant la super-position des états. Elle propose d'interpréter l'état final $|+>|+>+|->|->$ non pas comme une superposition de deux états d'*un* système électron-appareil, mais comme renvoyant à *plusieurs* systèmes électron-appareil, qui vivent dans *plusieurs* mondes. Plus précisément, on considère que chaque terme de la superposition correspond à des mondes différents : le terme $|+>|+>$ décrit un monde dans lequel le spin de l'électron est « + » et que l'appareil a mesuré « + », tandis que le terme $|->|->$ décrit un monde dans lequel le spin de l'électron est « – » et que l'appareil a mesuré « – ». Le fait qu'il y ait la superposition de ces termes signifie que les *deux*

---

1. D'autres expressions de ce problème sont devenues célèbres. Le rôle de l'appareil de mesure du spin peut être tenu par un chat qui, au lieu de finir dans un état « + » ou « – », se retrouve dans un état « mort » ou « vivant ». On obtient finalement une superposition d'un chat dans un état mort et vivant : c'est le célèbre « chat de Schrödinger ».

mondes en question existent. Pour désigner l'ensemble de ces deux mondes, nous parlerons de l' « univers »[1].

### *Quel sens lui donner ?*

Mais, objectera-t-on, un seul monde existe – le nôtre – et un seul résultat est observé ! Que signifie cette multitude de mondes ?

Pour répondre à cette question, considérons ce qu'il se passe si un physicien vient observer l'électron et la machine dans l'état $|+>|+>+|->|->$. Que voit-il ? Le physicien peut être conçu comme faisant une mesure sur l'appareil au même sens que l'appareil mesurant le spin : d'un état « prêt » à observer, il enregistre un résultat, « + » ou « – », selon le cas ; on peut ainsi noter

$$|+>|+>|\text{prêt}> \rightarrow (\text{observation}) \rightarrow |+>|+>|+>. \qquad (\text{éq. 4})$$

Pour le système électron-appareil-physicien, on note successivement les états de l'électron, de l'appareil et du physicien. L'état final ci-dessus signifie : l'électron est ressorti dans un état +, l'appareil a enregistré « + », et le physicien a vu le résultat « + ». De même, on aura

$$|->|->|\text{prêt}> \rightarrow (\text{observation}) \rightarrow |->|->|->. \qquad (\text{éq. 5})$$

Si maintenant le physicien vient observer l'état

$$|+>|+>+|->|->,$$

l'état initial sera

$$(|+>|+>+|->|->)|\text{prêt}>,$$

c'est-à-dire

$$|+>|+>|\text{prêt}> + |->|->|\text{prêt}>.$$

En utilisant les éq. 4 et 5 ci-dessus, cet état devient après l'observation par le physicien,

---

1. La terminologie à ce sujet dépend des auteurs. Certains parlent d' « univers » pour ce qui est ici appelé « monde » et de « multivers », pour ce qui est appelé « univers ».

$$|+>|+>|\text{prêt}>+|->|->|\text{prêt}> \to (\text{observation}) \to$$
$$|+>|+>|+>+|->|->|->. \qquad \text{(éq. 6)}$$

L'interprétation everettienne de cet état final est la suivante : chaque terme correspond à un monde ; dans le premier, l'électron est ressorti dans un état « + », l'appareil a enregistré « + », et le physicien a vu le résultat « + » ; dans le second, l'électron est ressorti dans un état « – », l'appareil a enregistré « – », et le physicien a vu le résultat « – ». Il y a donc finalement deux physiciens, vivant dans des mondes différents, visualisant chacun des résultats différents. Mais ce qui est rassurant, c'est que chaque monde est cohérent : le résultat du physicien correspond au spin de l'électron, dans le monde en question. Ces deux mondes ne se voient pas, ils sont en quelque sorte parallèles. Tous les deux sont aussi « réels » l'un que l'autre. Il n'y en a pas un plus « vrai » que l'autre.

Ainsi, l'interprétation des mondes multiples rend compte du fait qu'on ne puisse pas observer de façon extérieure une superposition de mondes : dès qu'un observateur interagit avec un système superposé, il se superpose lui-même et se dissocie dans les deux mondes. Tout observateur a donc toujours l'impression de vivre dans un seul monde. L'expérience psychologique d'un physicien qui lui fait dire « je vois le résultat "+" » correspond en fait seulement à *un* de ces deux mondes ; ce physicien voit le résultat « – » dans un autre monde.

### Définition des mondes

Qu'est-ce qui définit précisément la naissance de nouveaux mondes ? Deux mondes sont distingués lorsqu'il devient impossible, ou extrêmement improbable, qu'ils puissent à nouveau interagir. On dit aussi qu'ils ne sont plus cohérents ; c'est le phénomène de décohérence.

Cela se produit spontanément et très facilement. Par exemple, lorsque l'électron interagit avec l'appareil de mesure de spin, le fait que quelques atomes de l'appareil voient leur état changer suffit à distinguer deux mondes. En effet, pour que les atomes dans ces deux mondes interagissent à nouveau, la mécanique quantique exige que leurs états soient rigoureusement identiques, et cela est très difficile à réaliser. Dès que le nombre des atomes est un tant soit peu élevé (et un appareil, même petit, en contient des milliards de milliards de milliards), on comprend qu'il devient très rapidement quasiment impossible de conserver ces deux mondes cohérents. Aussi, dès qu'un objet composé de quelques atomes interagit avec un système dans un état superposé, on peut souvent considérer que deux mondes sont nés, qui évolueront ensuite indépendamment.

### Quelles prédictions ?

Selon l'interprétation des mondes multiples, tous les résultats possibles d'une mesure sont toujours obtenus, chacun dans un monde [1]. Dans notre exemple de la mesure du spin, le résultat « + » est obtenu dans un monde et le résultat « – » dans un autre ; et aucun de ces deux mondes n'est plus vrai que l'autre. Ainsi, il n'y a pas lieu de poser la question : « quel résultat va être obtenu ? » ou « avec quelle probabilité ? ».

En revanche, après la mesure et la séparation en plusieurs mondes, l'observateur dans un monde donné ne voit qu'un seul résultat. S'il a parié sur un résultat particulier, il peut être content ou déçu du résultat (et dans l'autre monde, il est réciproquement déçu ou content). Dans ces paris, l'individu peut faire usage de probabilités, par exemple « je suis prêt à parier à 4 contre 1 pour tel résultat » ou « je parie à 80 % sur ce résultat ». Selon les développements récents de l'interprétation des mondes multiples, c'est selon cette idée qu'on peut comprendre l'attribution de probabilités aux différents

---

1. Une plaisanterie courante parmi les everettiens est d'ailleurs de dire que « dans un autre monde, Everett n'a pas proposé son interprétation », ou que « dans un autre monde, François Hollande n'a pas été élu », etc.

résultats quantiqucs. Même si un individu sait que tous les résultats seront observés par un de ses descendants (dans un des mondes), il peut parier *comme si* un événement de hasard allait survenir, en fonction de ce dont il se soucie dans les mondes futurs. On montre alors que, si l'individu est rationnel, il *devrait* parier selon des probabilités qui se trouvent être exactement les mêmes que les prédictions de la mécanique quantique orthodoxe[1]. Cela permet de s'assurer de l'équivalence entre les deux interprétations[2].

## L'IMAGE EVERETTIENNE DU MONDE

Reprenons les caractéristiques de l'image du monde, ou plutôt de l'univers, selon l'interprétation des mondes multiples.

### Entités et propriétés

Il existe une seule entité fondamentale, l'état ou la fonction d'onde (de tout l'univers). L'objet mathématique $| \psi >$ est interprété comme une entité physique putative. C'est l'univers lui-même, en tant qu'il est une fonction d'onde, qui évolue selon l'équation de Schrödinger.

L'univers se décompose en des mondes. Il existe un nombre extraordinairement grand de mondes, avec un processus d'embranchement qui multiplie à chaque instant ce nombre de mondes. Ce qui existe pour un everettien, c'est donc une myriade de mondes. Dans chacun de ces mondes, les grandeurs ont toujours des valeurs; ces mondes sont donc

---

1. Cette démonstration, qui est technique et dont nous admettrons ici le résultat, est controversée. *Cf.* S. Saunders, J. Barrett, A. Kent, et D. Wallace (eds.), *Many Worlds? Everett, Quantum Theory, and Reality*, Oxford, Oxford University Press, 2010, ou D. Wallace, « The Quantum Measurement Problem : State of Play », *op. cit.*, sec. 4.6 pour une bibliographie.

2. L'équivalence empirique entre les interprétations est étudiée au chapitre suivant.

d'apparence classique, et ils se composent d'objets (macrosco-piques) qui sont dans des états définis.

Les différents mondes évoluent indépendamment les uns des autres. En particulier, les autres mondes sont inobservables depuis un monde particulier, ce qui explique pourquoi nous avons toujours l'impression qu'il n'existe qu'un seul monde.

### Des faits et des états relatifs

Pour un état tel que $|+>|+>|+>+|->|->|->$, l'interprétation des mondes multiples reconnaît (comme le fait l'interprétation orthodoxe) qu'il n'y a pas de fait à propos du résultat de la mesure du spin, pour l'univers dans son ensemble. Ainsi, l'interprétation d'Everett ne reconnaît généralement pas l'existence de fait pour l'univers dans son ensemble.

Cependant, si l'on considère un seul des deux termes de la somme, alors on peut affirmer qu'il existe un résultat de mesure bien défini, par exemple «+» pour le terme $|+>|+>|+>$. Autrement dit, si on se restreint à un monde particulier, il existe des faits. Comme ces résultats dépendent du monde auquel on se restreint, cela conduit à définir les états ou les faits *relativement* à un observateur – d'où le nom de « formulation de l'état relatif » initialement donné par Everett. Si on parle parfois *du* résultat d'une mesure, c'est en fait par abus de langage, en omettant de préciser que cela se comprend relativement à *un* monde particulier.

### Un univers déterministe

L'univers everettien est déterministe. En effet, la fonction d'onde de l'univers obéit à l'équation de Schrödinger, dont on a dit qu'elle est une équation déterministe. L'avenir n'est pas incertain, puisque tous les résultats de mesures possibles se produiront toujours.

En revanche, les individus dans les différents mondes ont des expériences psychologiques différentes. Le cours du monde leur apparaît indéterministe, dans la mesure où ils n'ont accès qu'à un seul monde. Pour l'interprétation des mondes multiples, les probabilités associées aux résultats correspondent aux paris que peuvent faire les individus. Comme elles n'expriment pas une connaissance incomplète de leur part, elles ne sont pas subjectives, mais objectives[1].

### Absence de séparation classique/quantique

L'interprétation d'Everett permet à la mécanique quantique de s'appliquer à l'ensemble de l'univers. Contrairement à l'interprétation orthodoxe, elle ne suppose pas de division entre un « système », distingué d'un « observateur » qui constate les résultats de mesures. L'univers everettien n'est pas séparé entre une partie classique et une partie quantique.

Une autre caractéristique de l'image de l'univers everettien, sa localité, est discutée en détail dans la seconde partie de l'ouvrage.

1. Elles expriment des contraintes auxquelles sont soumises tous les agents rationnels. *Cf.* par exemple D. Wallace, « The Quantum Measurement Problem : State of Play », *op. cit.*, sec. 4.6.

# CHAPITRE VI

# SYNTHÈSE COMPARATIVE
# DES INTERPRÉTATIONS

Les trois interprétations de la mécanique quantique présentées dans les précédents chapitres ont de quoi susciter de grandes interrogations. Comment est-il simplement possible que des images du monde si différentes puissent être faites à partir de la même théorie ? Par ailleurs, pourquoi les spécialistes sont-ils toujours divisés aujourd'hui sur la *bonne* interprétation, plusieurs décennies après les premiers débats ? L'une d'entre elles n'est-elle pas objectivement meilleure que les autres ? Ce dernier chapitre propose de répondre à ces questions, à travers une comparaison critique des interprétations quantiques présentées.

## DES INTERPRÉTATIONS QUANTIQUES
## SI DIFFÉRENTES, MAIS ÉQUIVALENTES

### *Synthèse des caractéristiques*
### *des interprétations quantiques*

Avant d'étudier l'équivalence entre les interprétations quantiques, synthétisons leurs caractéristiques respectives en un tableau.

| Caractéristique | Interprétation orthodoxe | Interprétation bohmienne | Interprétation des mondes multiples |
|---|---|---|---|
| **Formulation mathématique de la théorie** | équation de Schrödinger et postulat de projection | équation de Schrödinger et équation-pilote | équation de Schrödinger |
| **Entités composant le monde** | systèmes quantiques et objets macroscopiques | fonction d'onde et positions des particules | fonction d'onde, avec mondes quasi-classiques |
| **Objet des prédictions de la théorie** | résultats de mesures (toute grandeur physique) | positions des particules | paris des agents |
| **Interprétation des probabilités** | objective | subjective | objective |
| **Déterminisme du monde ?** | indéterministe | déterministe | déterministe |

### Des faits différents

Certaines différences fondamentales entre les interprétations quantiques doivent être soulignées. Tout d'abord, elles ne reconnaissent pas les mêmes faits dans le monde, au sujet d'une même expérience. Lorsque l'une considère qu'il y a un résultat à la mesure de telle quantité, il peut arriver qu'une autre dise qu'il n'existe pas de fait à propos du résultat !

Illustrons cela avec la mesure du spin d'un électron par un appareil approprié (*cf.* chap. IV). Supposons qu'un électron entre dans l'appareil avec un état de spin $|+> + |->$ (c'est-à-dire que les probabilités de mesurer « + » ou « – » sont chacune de 50 %), et supposons que le résultat de la mesure s'avère être « + ». Selon l'interprétation orthodoxe, il existe un fait à propos du résultat de mesure : dans l'image du monde orthodoxe, il existe un résultat, qui, en l'occurrence, vaut « + ». L'interprétation bohmienne considère aussi qu'il existe un fait à propos de ce résultat, étant donné qu'il existe une position finale de l'électron. Mais selon l'interprétation des mondes multiples, il n'existe pas de fait à propos du résultat de la mesure. En effet, l'ensemble constitué de l'électron et de l'appareil est décrit par une superposition des deux résultats, $|+>|+>+|->|->$. L'univers everettien comprend à la fois un monde dans lequel le résultat est « + » et un autre dans lequel le résultat est «−». Pour l'univers dans son ensemble, il n'existe pas *un seul* résultat et en ce sens il n'existe pas de fait à propos du résultat. Ainsi, contrairement au sens commun, un everettien peut affirmer devant un physicien qui observe un appareil de mesure « il n'existe pas de fait à propos de ce résultat ». En revanche, l'interprétation des mondes multiples ne nie pas qu'il existe des faits *relativement* à un monde particulier. En l'occurrence, dans le monde décrit ici, *le* résultat de mesure est « + ».

Ainsi, les interprétations quantiques ne reconnaissent pas les mêmes faits au sein d'une même expérience. Il faut prendre la mesure de la nouveauté de cette caractéristique des inter-prétations de la mécanique quantique : jamais, dans aucune autre théorie physique, les images du mondes proposées pour une même théorie n'ont été aussi différentes entre elles. S'il existe des interprétations multiples d'autres théories, elles s'accordent au moins sur l'existence de faits expérimentaux. Par exemple, la mécanique classique admet plusieurs interpré-tations, l'une décrivant un monde où existent des forces (interprétation newtonienne), une autre un monde où existe de l'énergie (interprétation hamiltonienne). Néanmoins, toutes deux sont d'accord, par exemple, sur le fait qu'une particule est arrivée au temps $t$ à la position $x$ avec la vitesse $v$. Le seul désaccord est qu'elles emploient naturellement des variables différentes pour noter ce fait.

En mécanique quantique, en revanche, il n'y a pas d'accord sur des faits bruts ou des données brutes que la théorie devrait prédire ou interpréter. Ce qu'une interprétation considère comme une donnée brute, par exemple le résultat d'une mesure selon l'interprétation orthodoxe, n'est pour une autre qu'une illusion qui mérite d'être expliquée, par exemple à partir de l'existence d'une multiplicité de mondes. Les interprétations quantiques ne sont pas simplement des images du monde qui viennent rendre compte de certaines apparences empiriques données. Les faits dont chaque interprétation rend compte sont propres à elle et définis par elle.

### Des prédictions différentes, sans neutralité possible

Une autre caractéristique particulière des interprétations quantiques est que leurs prédictions ne portent pas sur les mêmes objets, ainsi que le rappelle le tableau page 69. Autrement dit, les probabilités prédites par la théorie ne réfèrent pas aux mêmes choses dans le monde, selon l'interprétation adoptée.

Pour poursuivre avec l'exemple de la mesure du spin de l'électron, la prédiction de la théorie porte ou bien sur la valeur du spin (selon l'interprétation orthodoxe), ou bien sur la position de sortie de l'électron (selon l'interprétation de Bohm), ou bien encore sur les paris qu'un agent rationnel fera devant une telle expérience (selon l'interprétation des mondes multiples).

Comme les faits reconnus (et prédits) par la théorie dépendent de l'interprétation adoptée, il n'existe pas de façon neutre de décrire ce sur quoi portent les prédictions de la théorie ou ce que sont les données empiriques auxquelles elles seront comparées. Il n'y a ni faits expérimentaux neutres, ni prédictions neutres, vis-à-vis des interprétations quantiques. Il n'est pas possible d'appliquer empiriquement la mécanique quantique sans faire un choix interprétatif concernant l'objet des prédictions et ce qui constitue un fait expérimental. Ce choix interprétatif peut entrer en contradiction avec des positions défendues par l'une ou l'autre des interprétations.

Par exemple, le simple fait de dire, comme on peut le faire couramment, que « le résultat de la mesure est X », peut être en contradiction avec l'interprétation everettienne.

### *Néanmoins, une équivalence empirique*

Les interprétations de la mécanique quantique ont été présentées comme étant équivalentes empiriquement. Mais quel sens peut-on exactement donner à cette équivalence empirique, quand leurs prédictions sont aussi différentes ?

Commençons par noter que, si les probabilités portent sur des objets différents, leurs valeurs sont toujours mathématiquement identiques. Par exemple, pour un électron avec un état de spin $|+> + |->$, toutes les interprétations quantiques donneront les probabilités 50 % et 50 % à la mesure de ce qui correspond au « + » et au « – »[1].

Comment ces prédictions, qui portent sur des faits différents selon les interprétations, peuvent-elles ensuite être comparées ? Cette question difficile ne semble pas avoir reçu de réponse consensuelle parmi les spécialistes. Un accord existe cependant : les interprétations quantiques sont équivalentes au sens où aucune expérience n'est capable de mettre en défaut l'une de ces interprétations plutôt qu'une autre[2].

---

1. La périphrase un peu floue de « ce qui correspond à … » est utilisée pour désigner un résultat de mesure, puisque les différentes interprétations ne font justement pas porter leurs prédictions sur les mêmes choses.

2. Précisons que cela est vrai pour toutes les expériences réalisables, mais pas pour toutes les expériences imaginables. Concernant la démonstration de l'équivalence entre interprétations, une piste envisagée est que les prédictions des interprétations orthodoxes et bohmiennes soient réduites aux prédictions de l'interprétation des mondes multiples, en employant le langage des paris des individus.

### Pour ou contre? Quelques arguments en (dé)faveur
### de ces interprétations

La mécanique quantique est une théorie physique qui admet plusieurs interprétations, lesquelles dessinent des images du monde radicalement différentes, mais ne peuvent être distinguées empiriquement. Cela signifie qu'aucune expérience réalisable ne permettra jamais de trancher entre, par exemple, l'idée d'un monde déterministe à la Bohm, dans lequel aucun hasard n'intervient dans le cours des événements, ou l'idée d'un monde indéterministe, comme le veut l'interprétation orthodoxe, au sein duquel un hasard fondamental joue un rôle presque à chaque instant. Contrairement à une idée commune, l'expérience ne permettra jamais de trancher la question de savoir si le hasard pur existe ou non dans notre monde (si on prend au sérieux l'image du monde quantique).

Si l'expérience, méthode reine des sciences modernes, ne permet pas de trancher entre les diverses interprétations quantiques, quels sont alors les critères appropriés pour choisir la « bonne » interprétation? Mais y a-t-il encore seulement une « bonne » interprétation quantique, ou toutes se valent-elles? Cette dernière section veut apporter un éclairage à ces questions en étudiant les arguments qui ont été avancés[1].

### Cohérence

Les physiciens et les philosophes avancent souvent qu'un critère selon lequel une interprétation quantique devrait être jugé est celui de la cohérence. Cette cohérence peut prendre plusieurs aspects : cohérence interne de l'interprétation elle-

---

1. Certains physiciens préfèrent ne pas se prononcer sur l'image du monde, et affirment refuser de choisir entre les interprétations quantiques. Toutefois, une interprétation de la théorie est bien nécessaire (*cf.* chap. II), et une neutralité interprétative n'est pas possible, puisque toute prédiction revient à prendre une position interprétative au moins implicitement (cf. *supra*, p. 71).

même (comme cela a été noté pour l'interprétation orthodoxe, avec le « problème de la mesure »)[1], ou cohérence externe vis-à-vis d'autres théories ou d'autres positions.

Par exemple, les bohmiens insistent sur le fait que l'interprétation bohmienne, qui attribue des positions à chaque instant à toutes les particules, est en accord sur ce point avec l'image classique du monde, qui provient des autres théories de la physique, ou avec l'image commune du monde, que nous avons intuitivement vis-à-vis du monde qui nous entoure. A contrario, l'interprétation orthodoxe est en conflit avec ces images du monde, puisqu'elle n'attribue pas de position à une particule à chaque instant.

Certains choisissent une interprétation parce qu'elle s'accorde avec certains croyances ou certaines positions philosophiques. Plutôt que réviser certaines de leurs croyances à l'aune d'une interprétation quantique, ils préfèrent choisir l'interprétation qui s'accorde avec leurs croyances initiales. Par exemple, un partisan de l'indéterminisme dans le monde peut récuser l'interprétation bohmienne sur la base de son déterminisme. Ou un adepte de la métaphysique des mondes possibles (leibnizien ou lewisien) peut se sentir plus proche de l'interprétation des mondes multiples.

### Simplicité

La simplicité est un autre critère généralement évoqué dans l'argumentation concernant les interprétations quantiques. Par exemple, on remarque que l'interprétation de Bohm repose sur deux équations de base (équations de Schrödinger et pilote), tandis que l'interprétation d'Everett ne se réfère qu'à la première des deux, ce qui la rend plus simple. Mais certains reprochent à l'interprétation d'Everett l'infinité du nombre des

---

1. *Cf.* p. 45.

mondes qu'elle invoque, ce qui va à l'encontre d'une image simple. L'interprétation d'Everett est-elle finalement plus simple? Nous pouvons dire en tout cas que l'application d'un critère de choix n'est pas chose aisée.

### Étendue

Certains reprochent à l'interprétation orthodoxe de la mécanique quantique son manque d'étendue : comme l'interprétation orthodoxe requiert la définition d'un « système » et d'un « observateur » qui lui soit extérieur, le système ne peut pas englober la totalité de l'univers. Ainsi, il n'est pas possible d'étudier l'univers et son évolution avec une lecture orthodoxe de la mécanique quantique. Cela explique certainement pourquoi peu de cosmologistes[1] sont partisans de l'interprétation orthodoxe. À l'inverse, les interprétations bohmienne et everettienne permettent d'appliquer la mécanique quantique à tout l'univers.

### Fécondité

Dans leur défense d'une interprétation quantique, d'autres préfèrent insister sur sa fécondité, c'est-à-dire sa capacité à susciter de nouvelles découvertes et à étendre la théorie. L'idée sous-jacente est qu'utiliser une autre image du monde, ou employer certaines équations ou paramètres, peut susciter de nouveaux développements, théoriques ou expérimentaux. C'est notamment l'argument initial de Bohm et d'Everett, lorsqu'ils ont proposé leurs interprétations dans les années 1950. Toutefois, ce critère de fécondité est un critère pragmatique, qui concerne les développements futurs de la théorie, et

---

1. Les cosmologistes sont les physiciens qui étudient l'histoire de l'univers depuis son origine.

n'intéressera pas celui qui souhaite seulement choisir une image du monde d'après la théorie actuelle.

### Conclusion

Ces quelques exemples montrent que les critères qui interviennent dans les discussions concernant la meilleure interprétation sont notamment la cohérence, la simplicité, l'étendue, et la fécondité. Ces critères sont justement ceux qui sont généralement utilisés lorsque les scientifiques font des choix à propos des théories, selon l'historien et le philosophe des sciences Kuhn[1]. On peut donc ajouter par rapport à Kuhn que le choix entre des interprétations d'une même théorie, qui sont empiriquement équivalentes, semble se faire selon les mêmes critères que ceux qui président au choix entre des théories différentes.

1. Au sujet de ces critères, *cf.* par exemple T. S. Kuhn, *The Essential Tension*, Chicago, The University of Chicago Press, 1977, trad. fr. M. Biezunski *et al*, *La Tension Essentielle*, Paris, Gallimard, 1990, p. 426-427.

# TEXTES ET COMMENTAIRE

# TEXTE 1

## DAVID Z. ALBERT ET RIVKA GALCHEN
### *Menace quantique sur la relativité restreinte*[1]

Notre intuition nous dit que pour déplacer, mettons, une pierre, nous devons la toucher ; ou toucher un bâton qui touche la pierre ; ou donner un ordre qui se propage par les vibrations de l'air jusqu'à l'oreille d'une personne qui tient un bâton, qui peut alors pousser la pierre ; et ainsi de suite.

Plus généralement, l'intuition nous dit que les objets physiques ne peuvent influer sur d'autres que s'ils les jouxtent, dans l'espace comme dans le temps. Si A influe sur B sans lui être immédiatement voisin, alors l'effet en question doit être indirect – l'effet doit se transmettre par une chaîne d'événements dont chacun fait apparaître directement le suivant, en parcourant continûment la distance de A à B. Chaque fois que nous pensons tomber sur une exception à cette intuition, par exemple lorsqu'on appuie sur un bouton qui allume les réverbères de la rue ou lorsqu'on écoute une émission de radio, il s'avère que nous n'avons, en fait, pas trouvé d'exception (on s'aperçoit que l'allumage se fait *via* des fils électriques, que des ondes radio se propagent dans l'air, etc.).

---

1. David Z. Albert, Rivka Galchen, « Menace quantique sur la relativité restreinte », *Pour la Science*, mai 2009, p. 50-51.

Cette intuition née de notre expérience quotidienne du monde est celle de la « localité ». Or elle est mise en question par la mécanique quantique. Celle-ci a bouleversé de nombreuses intuitions, mais aucune plus profondément que la localité. [...]

Revenons un peu en arrière. Avant l'avènement de la mécanique quantique, et en fait dès les débuts de l'exploration scientifique de la nature, les savants croyaient que l'on pourrait en principe expliquer le monde physique en décrivant un à un ses constituants les plus petits et les plus élémentaires. L'histoire complète du monde pourrait alors être comprise comme la somme des histoires de ses constituants.

La mécanique quantique entre en conflit avec cette conviction. Les caractéristiques physiques réelles et mesurables d'un ensemble de particules peuvent être très différentes de la somme des caractéristiques des particules prises une à une. Prenons un exemple. D'après la mécanique quantique, on peut préparer une paire de particules de telle sorte qu'elles soient précisément à un mètre l'une de l'autre sans que pour autant aucune des deux n'ait de position définie.

L'interprétation usuelle de la physique quantique, l'interprétation dite de Copenhague (due au physicien danois Niels Bohr au début du siècle dernier et transmise de professeurs à étudiants depuis plusieurs générations), souligne que le problème n'est pas que nous ignorions les positions exactes de chacune des deux particules, mais que tout simplement ces propriétés n'existent pas. Se demander quelle est la position d'une des deux particules serait aussi vide de sens que, par exemple, se demander quel est le statut marital du nombre cinq. Le problème n'est pas d'ordre épistémologique (concernant ce que nous savons), mais ontologique (concernant ce qui est).

Les physiciens disent que les particules ainsi reliées sont quantiquement intriquées l'une avec l'autre. La propriété faisant l'objet d'une intrication n'est pas nécessairement la position : deux particules pourraient tourner sur elles-mêmes dans des sens opposés, sans que, avant la mesure, on puisse déterminer laquelle tourne dans le sens des aiguilles d'une montre.

Ou encore, on pourrait avoir l'une des deux particules dans un état excité, sans que l'état de chacune soit déterminé. L'intrication peut relier des particules indépendamment de l'endroit où elles se trouvent, de leur nature, des forces qu'elles exercent l'une sur l'autre : en principe, elle pourrait porter sur un électron et un neutron[1] situés de part et d'autre de notre galaxie. Ainsi, l'intrication fait apparaître une forme inattendue d'intimité au sein de la matière. [...]

Mais l'intrication semble aussi impliquer la non-localité, un phénomène étrange et contre-intuitif : la possibilité d'influer physiquement sur un objet sans y toucher ou sans toucher une succession d'entités nous reliant à lui. [...]

---

1. Un neutron est une particule qu'on trouve dans les atomes, comme l'électron [Note de l'auteur].

# TEXTE 2

## David N. Mermin
*La Lune est-elle là lorsque personne ne regarde ?*
*Réalité et théorie quantique* [1]

*La mécanique quantique, c'est magique* [2].

En mai 1935, Albert Einstein, Boris Podolsky et Nathan Rosen publièrent[3] un argument selon lequel la mécanique quantique échoue à fournir une description complète de la réalité physique. Aujourd'hui, 50 ans plus tard, l'article d'EPR et les travaux théoriques et expérimentaux qu'il a inspirés demeurent remarquables pour avoir fourni une illustration saisissante d'un des plus étranges aspects du monde que nous a révélés la théorie quantique. [...]

L'article d'EPR décrit une situation habilement imaginée pour forcer la théorie quantique à affirmer que des propriétés dans une région spatio-temporelle B sont le résultat d'un acte de mesure dans une autre région spatio-temporelle A, si

1. David N. Mermin, « Is the Moon There When Nobody Looks? Reality and the Quantum Theory », *Physics Today*, avril 1985, p. 38-44.

2. Daniel Greenberger, remarque lors de discussions au Symposium « Fundamental Questions in Quantum Mechanics », SUNY, Albany, États-Unis, avril 1984.

3. A. Einstein, B. Podolsky, N. Rosen, « Can Quantum-Mechanical Description of Physical Reality Be Considered Complete? », *Physical Review*, vol. 47, 1935, p. 777-780.

éloignée de B qu'il n'y a aucune possibilité que la mesure de A exerce une influence sur la région B par aucun mécanisme dynamique connu. Dans ces conditions, Einstein maintenait que les propriétés [en B]* devaient avoir existé depuis le début.

### Des actions à distance fantomatiques

[…] Einstein écrit :

« Ce qui existe vraiment en B ne devrait […] pas dépendre du genre de mesure qui est effectué dans la partie spatiale A ; cela devrait également être indépendant du fait qu'une mesure soit effectuée *tout court* dans l'espace A. Si on adhère à ce programme, on peut difficilement considérer la description de la théorie quantique comme une représentation complète de ce qui est physiquement réel. Si l'on essaie de le faire en dépit de cela, on doit supposer que ce qui est physiquement réel en B souffre d'un changement brutal par suite de la mesure en A. Mon instinct pour la physique se hérisse à cette idée. »

[Ou encore :]

« Je ne peux pas croire sérieusement en [la théorie quantique] parce qu'elle ne peut être réconciliée avec l'idée que la physique devrait représenter une réalité dans le temps et l'espace, sans avoir recours à des actions à distance fantomatiques. »

Les « actions à distance fantomatiques » (*spukhafte Fernwirkungen*) sont l'acquisition, pour une propriété, d'une valeur définie** par le système dans la région B en vertu de la mesure réalisée dans la région A. […]

---

* L'article original indique « en A », vraisemblablement par erreur. L'argument peut cependant s'appliquer ensuite sur A comme sur B [NdT].

** Une valeur définie est une valeur qui peut être prédite avec la probabilité 1 [NdT].

*Un fait est découvert*

La réponse théorique […] a été donnée en 1964 par John S. Bell, dans un article[1] célèbre paru dans l'éphémère journal *Physics*. En utilisant une expérience de pensée inventée[2] par David Bohm, dans laquelle « les propriétés dont on ne peut rien savoir » (les valeurs simultanées du spin d'une particule selon des directions distinctes) sont requises d'exister par une argumentation à la EPR, Bell a montré que la non-existence de ces propriétés est une conséquence directe des prédictions numériques quantitatives de la théorie quantique (c'est le « théorème de Bell »). La conclusion est tout à fait indépendante de la croyance selon laquelle la théorie quantique offre une description complète de la réalité physique. Si les données d'une telle expérience sont en accord avec les prédictions numériques de la théorie quantique, alors la position philosophique d'Einstein doit être fausse [et les actions à distance fantomatiques existent].

Ces dernières années, dans une belle série d'expériences, Alain Aspect et ses collaborateurs à l'Institut d'Optique Théorique et Appliquée à Orsay ont apporté[3] la réponse expérimentale au défi posé par Einstein en réalisant une version de l'expérience d'EPR dans des conditions dans lesquelles une analyse à la Bell s'applique. Ils ont montré que

1. J. S., Bell, « On the Einstein-Podolsky-Rosen Paradox », *Physics*, 1 (3), 1964, p. 195-200.

2. D. Bohm, *Quantum Theory*, Englewood Cliffs (NJ), Prentice Hall, 1951, p. 614-615.

3. A. Aspect, P. Grangier et G. Roger, « Experimental Tests of Realistic Local Theories via Bell's Theorem », *Physical Review Letters*, 47, 1981, p. 460-463. A. Aspect, P. Grangier et G. Roger, « Experimental Realization of Einstein-Podolsky-Rosen-Bohm *Gedankenexperiment* : A New Violation of Bell's Inequalities », *Physical Review Letters*, 49, 1982, p. 91-94. A. Aspect, J. Dalibard et G. Roger, « Experimental Test of Bell's Inequalities Using Time-Varying Analyzers », *Physical Review Letters*, 49, 1982, p. 1804-1807.

les prédictions de la théorie quantique étaient effectivement vérifiées. Trente ans après le défi d'Einstein, un fait – et non une doctrine métaphysique – était présenté pour le réfuter. […]

### Une démonstration par la pensée

Je vais décrire, avec un vocabulaire de « boîte noire », une version très simple de l'expérience de pensée de Bell […].

L'appareillage se compose de trois éléments. Deux d'entre eux (A et B) sont des détecteurs. Ils sont très éloignés l'un de l'autre (dans les expériences analogues d'Aspect, de plus de 10 mètres). Chaque détecteur possède un bouton qui peut être réglé sur trois positions différentes ; chaque détecteur répond à un événement en émettant brièvement une lumière, rouge ou verte. La troisième pièce (C), située au milieu entre A et B, fonctionne comme une source (*cf.* figure 1).

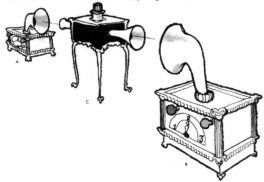

Figure 1 – Un appareil EPR. […]

Il n'y a aucune connexion entre les éléments, ni mécanique, ni électromagnétique, ni d'aucun autre type connu […]. Les détecteurs sont ainsi dans l'incapacité d'envoyer des signaux entre eux ou à la source, par aucun mécanisme connu, et, à l'exception des « particules » décrites plus bas, la source n'a aucun moyen d'envoyer des signaux aux détecteurs. La démonstration procède de la façon suivante :

Le bouton de chaque détecteur est placé dans l'une des trois positions de façon indépendante et aléatoire ; peu après cela, chaque détecteur émet brièvement une lumière rouge ou verte. Les paramètres des boutons et les couleurs des lumières sont enregistrés, et l'exécution est répétée un grand nombre de fois.

Les données consistent en une paire de nombres et une paire de couleurs, pour chaque exécution. Par exemple, une exécution dans laquelle A est fixée à 3, B à 2, A émet une lumière rouge [« red », en anglais, *NdT*] et B une lumière verte [« green »], serait enregistrée comme « 32RG ».

Parce qu'aucune connexion n'a été mise en place entre la source C et les détecteurs A et B, le lien entre le fait de presser le bouton [en C] et le fait qu'une lumière s'allume sur un détecteur ne peut être obtenu que par le passage de quelque chose (que nous appellerons une « particule », bien que vous puissiez l'appeler comme il vous plaît) entre la source et ce détecteur. Cela peut être facilement testé, par exemple en mettant une brique entre la source et un détecteur. Dans les exécutions suivantes, la lumière de ce détecteur ne s'allumera pas. Lorsque la brique est retirée, tout marche de nouveau comme avant.

31GR  13RG  31RR  33GG  33RR  12GR  33GG  21GR
21RR  22RR  33GG  11GG  [...]

Figure 2 – Fragment des données
produites par l'appareil de la figure 1. [...]

Des données typiques issues d'un grand nombre d'exécutions sont indiquées dans la figure 2. Seules les deux caractéristiques suivantes sont pertinentes :

▶ Si on examine seulement les exécutions dans lesquelles les boutons ont la même configuration, on trouve que les lumières émises sont toujours de la même couleur.

▶ Si on examine toutes les exécutions, quelle que soit la configuration des boutons, on trouve que le motif des couleurs est complètement aléatoire. Notamment, les lumières émises sont la moitié du temps de la même couleur, et la moitié du temps de couleurs différentes.

Voilà tout ce qu'il y a dans l'expérience de pensée. [...]

### Comment cela pourrait-il marcher ?

Considérons seulement les exécutions dans lesquelles les boutons avaient la même position lorsque les particules sont arrivées dans les détecteurs. Dans toutes ces exécutions, les détecteurs émettent des lumières de même couleur. S'ils pouvaient communiquer, ce serait un jeu d'enfant de faire que les détecteurs émettent des lumières de même couleur lorsque leurs boutons ont le même réglage, mais ils n'ont pas la moindre connexion entre eux. Ils ne peuvent pas non plus avoir été pré-programmés pour émettre toujours des lumières de même couleur, sans tenir compte de ce qui se passe, car on observe que les détecteurs émettent des lumières de couleurs différentes au moins pour certaines exécutions dans lesquelles leurs boutons sont réglés différemment, et car les réglages des boutons sont des événements aléatoires indépendants.

Comment, dès lors, pouvons-nous rendre compte de la première caractéristique des données ? Aucun problème. [...] Dans notre cas, les détecteurs sont déclenchés par des particules ayant une origine commune en la source C. Il est alors facile d'inventer toutes sortes d'explications pour la première caractéristique des données. [...]

On pourrait imaginer que les particules existent en huit variétés : cubes, sphères, tétraèdres, ... Tous les réglages produisent R lorsqu'un cube est détecté, une sphère donne un R pour les réglages 1 et 2, et G pour le réglage 3, etc. On peut ainsi rendre compte de la première caractéristique des données si les deux particules produites par la source dans chaque exécution sont toujours de la même variété.

Ce qui est commun à toutes ces explications est l'exigence que chaque particule doit, d'une façon ou d'une autre, apporter à son détecteur un jeu d'instructions concernant la lumière à émettre dans chacune des trois configurations possibles des boutons, et que pour chaque exécution de l'expérience, les deux particules doivent apporter le même jeu d'instructions :

▶ Un jeu d'instructions qui couvre chacun des trois réglages possibles est nécessaire parce qu'il n'y a pas d'autre communication entre la source et les détecteurs que les particules elles-mêmes. Pour les exécutions dans lesquelles les boutons ont le même réglage, les particules ne peuvent pas savoir si ce réglage sera 11, 22, ou 33. Pour que les détecteurs émettent toujours une lumière de la même couleur quand les boutons ont le même réglage, les particules doivent transporter des instructions qui indiquent la couleur pour chacune des trois possibilités.

▶ L'absence de communication entre la source et les détecteurs requiert que les particules transportent de tels jeux d'instruction pour chaque exécution de l'expérience – même ceux pour lesquels les boutons ont finalement des réglages différents – parce que les particules doivent toujours être prêtes : pour n'importe quelle exécution, les boutons peuvent finalement s'avérer avoir le même réglage. […]

Hélas ! Cette explication – la seule, selon moi, que quelqu'un qui n'est pas imprégné de mécanique quantique puisse proposer (bien que ce soit un jeu divertissant de mettre quelqu'un au défi d'essayer) – n'est pas tenable. Elle n'est pas cohérente avec la seconde caractéristique des données : on ne peut pas concevoir de façon d'assigner de tels jeux d'instructions aux particules d'une exécution à l'autre qui rende compte du fait que, pour toutes les exécutions prises ensembles, et quelles que soient les positions des boutons, des lumières de même couleur apparaissent la moitié du temps. […] Voici l'argument.

Considérons un jeu particulier d'instructions, par exemple RRG. Si les deux particules reçoivent le jeu d'instructions RRG, alors les détecteurs émettront des lumières de même couleur quand les boutons seront réglés à 11, 22, 33, 12 ou 21, et de couleurs différentes pour 13, 31, 23 ou 32. Parce que les boutons de chaque détecteur sont réglés aléatoirement et indépendamment, chacun de ces neuf cas est tout autant probable, donc le jeu d'instructions RRG donnera lieu à des lumières de même couleur 5/9 du temps.

La même conclusion est évidemment obtenue pour les jeux RGR, GRR, GGR, GRG et RGG, car l'argument utilise seulement le fait qu'une couleur apparaît deux fois et l'autre une seule. Ces six jeux d'instructions donnent aussi des lumières de même couleur 5/9 du temps.

Mais les seuls jeux d'instructions restants sont RRR et GGG, entraînant chacun une émission de lumières toujours de la même couleur.

Par conséquent, si les jeux d'instructions existent, les mêmes couleurs apparaîtront dans au moins 5/9 des exécutions, quelle que soit la distribution des jeux d'instructions d'une fois sur l'autre. Ceci est le théorème de Bell (aussi connu sous le nom d'inégalité de Bell).

Mais dans l'expérience de pensée réelle, les mêmes couleurs sont émises seulement la moitié du temps. Les données décrites plus haut violent cette inégalité de Bell, et par conséquent il ne peut exister de jeu d'instructions. […]

# COMMENTAIRE

### INTRODUCTION

Le premier texte est extrait d'un article paru initialement dans *Scientific American*, revue scientifique américaine de vulgarisation, dont l'édition française est *Pour la science*. L'un de ses auteurs est D. Z. Albert, philosophe de la mécanique quantique mondialement reconnu. L'extrait présente les concepts de localité et de non-localité qui sont en jeu en mécanique quantique, ainsi que celui d'intrication quantique qui permet justement cette non-localité[1].

Le second texte provient d'un article paru dans *Physics Today*, revue éditée par une société savante américaine de physique. L'auteur, N. D. Mermin, est un physicien américain reconnu, auteur de manuels de physique utilisés dans de nombreuses universités dans le monde. L'article offre une présentation non-technique d'un résultat théorique ardu de la mécanique quantique, le théorème de Bell. Paru en 1985, l'article de Mermin est resté célèbre pour avoir proposé une version simple et illustrée de l'expérience en question, avec une preuve courte du théorème de Bell, sans formules

---

1. Le but de l'article est de discuter le possible conflit entre la non-localité quantique et la relativité ; cette préoccupation dépasse le cadre de cet ouvrage, et seule l'introduction de l'article nous intéresse ici.

mathématiques. Il s'agit donc d'un article de vulgarisation scientifique; quelques éléments d'analyse philosophique sont présents dans cet article, mais cela n'en constitue pas le cœur. Les arguments d'EPR et de Bell font appel au concept de non-localité dont il est question dans le premier texte.

Dans ce commentaire, nous allons revenir sur l'argument d'EPR, analyser l'argument de Bell et ses conséquences, et enfin indiquer ce que les différentes interprétations de la mécanique quantique ont à dire de ce résultat[1,2].

## L'ARTICLE D'EPR

### Contexte et motivations

Avant les années 1930, alors que la mécanique quantique n'a que quelques années d'existence, une interprétation de la théorie s'est déjà imposée parmi les physiciens : celle défendue par Bohr, Born ou Heisenberg, qu'on appellera bientôt l'inter-prétation de Copenhague et qui est l'origine directe de l'inter-

---

1. Cette partie s'appuie notamment sur D. Z. Albert, *Quantum Mechanics and Experience*, *op. cit.*, chap. 3, A. Fine, « The Einstein-Podolsky-Rosen Argument in Quantum Theory », *in* E. N. Zalta (ed.), http://plato.stanford.edu/entries/qt-epr, 2009; S. Goldstein, T., Norsen, D. V. Tausk et N. Zanghì, « Bell's Theorem », *Scholarpedia*, 6 (10), 2011, 8378, http://www.scholarpedia.org/article/Bell's_theorem; R. I. G. Hughes, *The Structure and Interpretation of Quantum Mechanics*, Cambridge (MA) et London, Harvard University Press, 1989, chap. 6 et 8; M. Redhead, *Incompleteness, Nonlocality and Realism*, Oxford, Clarendon Press, 1987, chap. 3 et 4; B. C. van Fraassen, *The Scientific Image*, *op. cit.*

2. Afin de simplifier le commentaire, nous supposerons – sauf lorsque l'inverse est explicitement mentionné – qu'il existe toujours des faits ou des résultats lorsque des expériences sont réalisées, comme le veut le sens commun. Autrement dit, le commentaire se fait par défaut sans adopter l'interprétation des mondes multiples, et celle-ci est discutée à part (p. 120). Cette simplifi-cation a pour but d'éviter de rajouter à chaque phrase une précision du type « dès lors qu'il existe un fait à propos de ... ». Par conséquent, un certain nombre de phrases du commentaire, prises hors contexte, seraient fausses dans le cadre de l'interprétation des mondes multiples, mais elles sont corrigées plus loin.

prétation orthodoxe [1]. Selon elle, les systèmes quantiques n'ont pas toujours de propriétés bien définies lorsqu'ils ne sont pas mesurés. C'est seulement lors de la mesure, ou juste après, qu'ils ont certaines propriétés. D'une certaine façon, c'est notre mesure qui crée ces propriétés.

Einstein fait partie des quelques voix dissidentes qui sont insatisfaites de cette interprétation. Convaincu qu'il y a en-dehors de l'homme une réalité physique objective existant indépendamment de lui, Einstein estime que le but des théories physiques est de décrire cette réalité physique, de façon précise et complète. Par « complète », il faut comprendre que tout ce qui est vrai à propos de ce monde extérieur doit figurer dans la théorie physique ; par exemple, il ne faudrait pas que des éléments soient passés sous silence simplement parce que nous ne sommes pas en train de les mesurer. Si les systèmes dans le monde ont des propriétés bien définies à chaque instant, mais que la mécanique quantique ne décrit pas complètement ces propriétés et cette réalité physique, alors elle est incomplète. En l'occurrence, Einstein estime que le fait que les systèmes n'aient pas toujours de propriétés (en-dehors d'une mesure) est un signe de non-complétude de la mécanique quantique.

La position d'Einstein est en désaccord avec une position instrumentaliste, qui considère que le but d'une théorie physique est de prédire correctement les observations, sans s'inquiéter de décrire complètement tout ce qui existe dans cette « réalité physique », dont l'existence reste une hypothèse discutable (et par ailleurs, comment savoir quand notre description est « complète » ?).

---

1. *Cf.* chapitres I et III.

## L'argument d'EPR

De fait, Einstein peinait à convaincre les autres physiciens que l'interprétation de Copenhague était insatisfaisante et que la mécanique quantique était incomplète. Et à supposer qu'on accordât à Einstein que l'objectif d'une théorie physique est de décrire complètement la réalité, peut-être après tout n'existe-t-il rien que la mécanique quantique omette de décrire ? Peut-être les propriétés des systèmes quantiques n'existent-elles pas toujours (que cela nous plaise ou non) ?

C'est contre ces possibles objections qu'Einstein vient opposer un argument, dans l'article co-écrit avec Poldosky et Rosen (appelé «EPR», selon leurs initiales), évoqué par Mermin. Leur objectif est de démontrer que la mécanique quantique est incomplète, en présentant quelque chose (en l'occurrence, une certaine propriété d'un certain système dans une certaine configuration) qui devrait être décrit par une théorie quantique complète, mais qui ne l'est pas par la mécanique quantique actuelle. Pour argumenter ainsi, il est évidemment nécessaire pour EPR de justifier pourquoi ce quelque chose *devrait* être décrit par la théorie. Autrement dit, ils doivent commencer par donner un critère de ce qu'est précisément une théorie complète, avant de montrer que la mécanique quantique ne remplit pas ce critère.

Leur caractérisation est la suivante : «dans une théorie complète, il existe un élément correspondant à chaque élément de réalité» (p. 777)[1]. Autrement dit, tous les éléments de la réalité physique doivent figurer dans la description de la théorie. Par contraposée, cela équivaut à dire que si un élément de réalité n'a pas de correspondant dans une théorie, alors cette théorie n'est pas complète.

---

1. On peut considérer cette citation comme une reformulation de la position einsteinienne exposée précédemment.

EPR doivent maintenant définir plus précisément ce qu'est un «élément de réalité», puisque ce concept joue un rôle central. Ils écrivent : «si, sans perturber aucunement un système, on peut prédire avec certitude (*i.e.* avec une probabilité égale à l'unité) la valeur d'une quantité physique, alors il existe un élément de la réalité physique correspondant à cette quantité physique». Nous avons déjà rencontré un cas analogue[1] : l'interprétation orthodoxe de la mécanique quantique considère qu'une propriété d'un système existe lorsque cette propriété peut être prédite avec une probabilité 1 ; ici, EPR adoptent en quelque sorte ce critère mais, au lieu de parler simplement de l'existence d'une propriété, ils préfèrent parler de l'existence d'un élément de réalité auquel correspond la propriété. Ils prennent néanmoins la précaution de préciser, et cela jouera un rôle clé plus loin, que la prédiction doit être faite «sans perturber aucunement le système», car ils veulent que l'existence de l'élément de réalité ne dépende pas de notre interaction avec lui. Par leur définition d'un «élément de réalité», EPR veulent simplement capturer ce qu'on entend habituellement par «la réalité physique» et donner un critère (suffisant) pour caractériser ses éléments ; en cela, leur définition ne se veut pas particulièrement polémique. Grâce à ce critère, s'ils parviennent à montrer qu'il existe quelque chose qui peut être prédit avec certitude (donc qui est un élément de réalité) mais qui n'a pas de correspondant dans la mécanique quantique, alors ils auront prouvé que la mécanique quantique n'est pas complète.

Leur argument est à peu près le suivant[2]. Considérons deux détecteurs en A et B, qui reçoivent chacun une particule issue

1. *Cf.* p. 40.

2. L'argument est ici simplifié et reformulé dans les termes de l'expérience présentée par Mermin. Pour une analyse plus approfondie de l'argument original d'EPR, ainsi que des versions ultérieures de l'argument, notamment

de l'émetteur C (ces particules n'interagissent plus après avoir quitté C). Lorsque les détecteurs reçoivent une particule, ils émettent brièvement une lumière, rouge ou verte. On suppose ici que les détecteurs ont les mêmes réglages, par exemple avec leur bouton en position 1. Pour le couple de particules considéré par EPR, la mécanique quantique prédit qu'en A et B ce seront toujours des lumières de même couleur qui s'allumeront (ou bien rouges toutes les deux, ou bien vertes toutes les deux), quels que soient les réglages (dès lors qu'ils sont identiques en A et B). Mise à part cette corrélation, la mécanique quantique ne prédit pas avec certitude la lumière qui s'allumera, mais avec 50 % de chances que les lumières seront toutes deux vertes, et avec 50 % qu'elles seront toutes deux rouges. Considérons maintenant une exécution particulière avec ce couple de particules, partant de C. Supposons que le détecteur A soit plus près que le détecteur B de l'émetteur C, de sorte que l'arrivée de la particule en A se produise avant l'arrivée de l'autre particule en B. À l'instant $t$, le détecteur en A reçoit une particule et émet brièvement une lumière (par exemple verte). Comme la mécanique quantique prédit que les couleurs seront identiques en A et B pour ce couple de particules, on peut, dès l'instant $t$, prédire avec une probabilité 1 qu'on observera en B une lumière verte. Et cela, sans avoir perturbé la particule qui va arriver en B, puisqu'elle n'interagit plus avec la particule qui est arrivée en A. Ainsi, continuent EPR, on peut prédire avec certitude la couleur de la lumière qui s'allumera en B lorsque la particule y arrivera, sans avoir perturbé aucunement cette particule. Par conséquent, cette couleur en B correspond à un élément de réalité selon la définition d'EPR. Précisons qu'elle est un élément de réalité

par Einstein, *cf.* A. Fine, « The Einstein-Podolsky-Rosen Argument in Quantum Theory », ar. cit. La version présentée ici est proche de celle due à D. Bohm, *Quantum Theory*, *op. cit.*

non seulement après l'instant $t$ où la lumière est observée en A, mais également avant, puisque l'instant $t$ n'est pas un instant particulier pour la particule qui se dirige vers B (rappelons en effet qu'elle n'a, par hypothèse, aucune interaction avec l'autre particule). Notamment, selon EPR, cela doit être le cas avant que les particules ne partent de C : dès la configuration initiale, la couleur en B doit être un élément de réalité [1]. Or, comme cela a déjà été dit, la mécanique quantique ne prédit initialement pas avec certitude qu'une couleur particulière sera observée en B, mais elle donne seulement une probabilité de 50 % pour chaque couleur, rouge ou verte. Autrement dit, la mécanique quantique ne décrit pas l'élément de réalité identifié par EPR, et elle est, en concluent-ils, une théorie incomplète.

### Structure et conséquences de l'argument

Bien qu'on ait reproché à l'article d'EPR un certain manque de clarté, il est possible d'en extraire un argument logiquement valide, dans le sens où si ses prémisses sont vraies, alors la conclusion (selon laquelle la mécanique quantique est incomplète) doit nécessairement être vraie elle aussi [2].

Deux prémisses sont essentielles dans l'argument d'EPR. La première est le fait que les prédictions de la mécanique quantique soient correctes. Autrement dit, EPR ont besoin que la mécanique quantique soit empiriquement adéquate sur le genre d'expériences considérées. La seconde prémisse, implicite dans l'article, peut être qualifiée d'« hypothèse de localité ». Elle consiste à supposer que, lorsqu'une mesure est

---

1. Elle est déjà un élément de réalité à ce moment car, même si on ne prédit pas encore la couleur en B avec une probabilité 1, on peut se mettre en condition de la prédire sans perturber la particule correspondante – en l'occurrence, en mesurant la couleur en A.

2. Indiquons dès à présent que l'une des hypothèses d'EPR s'avère être fausse. Mais *l'argument* d'EPR demeure logiquement valide, au sens spécifié.

effectuée en A, rien n'est modifié en B (i. e. aucune propriété du système en B n'est altérée), parce qu'aucune interaction physique d'aucune sorte n'intervient[1]. Il s'agit là d'une hypothèse sur le monde lui-même, disant qu'il est local, c'est-à-dire que les interactions se propagent de proche en proche, ainsi que le premier texte l'a présenté (pour déplacer une pierre, il faut la toucher, ou toucher un bâton qui touche cette pierre, etc.). C'est cette hypothèse de localité qui permet à EPR d'aller plus loin que ce que prédit la mécanique quantique et d'affirmer que la couleur en B est un élément de réalité depuis le début.

Avec l'argument d'EPR, Einstein atteint son but : montrer que la mécanique quantique est incomplète. Autrement dit, il peut conclure que la couleur observée en B était en fait prédéterminée, bien que la mécanique quantique ne soit pas capable de la donner. Le prix à payer pour ne pas aboutir à cette conclusion est élevé : il faut ou bien nier que les prédictions expérimentales de la mécanique quantique soient correctes, ou bien reconnaître une certaine non-localité dans le monde, c'est-à-dire admettre l'existence des « actions à distance fantomatiques ». Autrement dit, l'argument d'EPR doit faire admettre aux partisans de l'interprétation de Copenhague l'existence d'une action à distance[2]. Einstein, qui ne veut pas de telles actions, préfère considérer que la mécanique

---

1. Pour s'en assurer, on pourrait imaginer prendre toutes sortes de précautions : mettre une grande distance entre les deux régions A et B, construire d'épais murs blindés tout autour de A et de B, positionner d'autres détecteurs pour repérer un éventuel signal se propageant entre A et B, etc., comme l'indique D. Z. Albert, *Quantum Mechanics and Experience, op. cit.*, p. 64.

2. L'interprétation orthodoxe *contemporaine* reconnaît le caractère non-local du monde. En 1935, son ancêtre, l'interprétation de Copenhague, était implicitement considérée comme locale (*cf.* A. Fine, « The Einstein-Podolsky-Rosen Argument in Quantum Theory », ar. cit. sec. 2).

quantique est incomplète. C'est ainsi qu'il faut comprendre la première citation rapportée par Mermin, page 84.

## L'ARGUMENT DE BELL

### Introduction

Le débat sur l'incomplétude de la mécanique quantique prend un nouveau tournant lorsque Bell publie son article de 1964[1]. En 1952, il a pris connaissance avec intérêt de la mécanique bohmienne. Cette interprétation de la mécanique quantique ajoute de nouvelles variables (souvent appelées « variables cachées ») par rapport à la formulation orthodoxe de la théorie, à savoir les positions $q$ des particules (*cf.* chap. IV). Autrement dit, la mécanique bohmienne est une façon de *compléter* la mécanique quantique. Or, depuis les années 1930, ont été établis plusieurs théorèmes qui prétendent démontrer l'impossibilité des théories quantiques à variables cachées (par von Neumann, Gleason, Jauch et Piron notamment). Le fait que l'interprétation de Bohm existe semble être un contre-exemple à ces théorèmes, c'est-à-dire une preuve que ceux-ci n'excluent en fait pas ce qu'on pensait qu'ils excluaient. Bell veut chercher à comprendre ce qui ne va pas dans ces théorèmes, c'est-à-dire quelles sont les hypothèses (implicites) de ces théorèmes que l'interprétation

---

1. Pour les aspects historiques du résultat de Bell, *cf.* notamment O. Jr. Freire, « The Historical Roots of "Foundations of Quantum Physics" as a Field of Research (1950-1970) », *Foundations of Physics*, 34 (11), novembre 2004, p. 1741-1760 ; O. Jr. Freire, « Philosophy Enters the Optics Laboratory : Bell's Theorem and its First Experimental Tests (1965-1982) », *Studies in History and Philosophy of Modern Physics*, vol. 37, 2006, p. 577-616, et M. Jammer, *The Conceptual Development of Quantum Mechanics, op. cit.*, chap. 9, sec. 9.1.

de Bohm ne vérifie pas, et qui lui permettent d'échapper à leurs conclusions[1].

Or l'interprétation de Bohm décrit un monde non-local, dans lequel il existe une certaine « action fantomatique à distance »[2]. Cette non-localité ne passe pas inaperçue. Comme Bell remarque que les théorèmes d'impossibilité des variables cachées ne l'interdisent pas, il en vient à se demander si toutes les théories à variables cachées doivent nécessairement être non-locales pour échapper aux théorèmes d'impossibilité[3]. La réponse qui va être apportée par le « théorème de Bell », est : effectivement, les théories à variables cachées locales ne sont pas permises, c'est-à-dire que la non-localité est obligatoire pour toute théorie qui entend compléter la mécanique quantique. Mais il prouve aussi bien plus, comme nous allons l'analyser plus loin.

### *Une présentation sous forme de « boîte noire »*

Avant de reprendre l'argument de Bell, arrêtons-nous tout d'abord sur le fait que Mermin entend le décrire avec un vocabulaire de « boîte noire », selon ses propres mots. Cette expression de « boîte noire » fait référence à quelque chose

1. Un théorème d'impossibilité énonce que certaines théories à variables cachées ne peuvent exister. Sa démonstration repose sur le fait que ces théories ont certaines caractéristiques. Ces caractéristiques sont parfois énoncées explicitement, mais peuvent aussi rester implicites et être cependant utilisées dans la preuve du théorème, à l'insu de tous. Dès lors, si une théorie à variables cachées est possible, et n'est pas interdite pas le théorème en question, on peut être sûr qu'elle n'a pas au moins une des caractéristiques requises (même implicitement) par le théorème. C'est le cas de la mécanique de Bohm : la question pour Bell est d'identifier la ou les hypothèses implicites des théorèmes d'impossibilité qu'elle ne satisfait pas.

2. Cet aspect est développé p. 119.

3. J. S. Bell, « On the Problem of Hidden Variables in Quantum Mechanics », *Review of Modern Physics*, 38, 1966, p. 447-452. Bien que publié après l'article de 1964, il a été écrit avant.

dont on ne cherche pas à connaître le mécanisme interne (*i.e.* on n'ouvre pas la boîte pour regarder comment elle fonctionne), mais dont on étudie plutôt le comportement en fonction de la configuration dans laquelle elle se trouve. Ici, on ne trouve pas une description théorique du fonctionnement de l'expérience, ce qui supposerait d'emblée l'adoption du cadre de la mécanique quantique et de son langage mathématique, mais une description avec les mots du langage courant, en-dehors du cadre de la mécanique quantique, avec des mots tels « détecteur », « bouton », « lumière rouge ou verte », etc. Une conséquence de cette approche est que Mermin, plutôt que de présenter les résultats de l'expérience à partir de calculs théoriques, indique directement quelles sont les observations qui ont été réalisées (les « 31RR », etc.).

Cette présentation en « boîte noire » présente un double avantage. Tout d'abord, elle permet à un lecteur qui ne connaîtrait pas le formalisme de la mécanique quantique de pouvoir tout de même comprendre facilement l'expérience (ce qui est un bon point pour un article de vulgarisation). Ensuite, comme la présentation n'adopte pas le cadre théorique de la mécanique quantique, cela évite à ceux qui connaîtraient déjà la mécanique quantique de conceptualiser directement l'expérience dans les termes de cette théorie, avec des schémas conceptuels et des pré-supposés interprétatifs implicites. Le but de Mermin est plutôt de confronter le lecteur au théorème de Bell à partir d'une vision du sens commun, pour qu'il soit dérangé par ce résultat étrange et réfléchisse avec lui à une (impossible) explication des résultats de l'expérience.

### Structure de l'article

L'argument de Bell, tel qu'il est présenté par Mermin, comprend trois étapes :

1) Une première étape présente la situation expérimentale considérée et les résultats obtenus, avec les deux caractéristi-

ques des données expérimentales. Cette étape correspond à la section intitulée « Une démonstration par la pensée », p. 86-88.

2) Une seconde étape analyse la première caractéristique des données, et en cherche une explication possible. Cette étape correspond au début de la section «Comment cela pourrait-il marcher?», en allant jusqu'à la fin du paragraphe « les boutons peuvent finalement s'avérer avoir le même réglage. […] » (p. 88-89).

3) Une troisième étape, allant de «Hélas!» jusqu'à la fin du texte (p. 88-90), analyse la compatibilité entre les conclusions de l'étape précédente et la seconde caractéristique des données.

Reprenons plus en détail le contenu de chacune de ces étapes. L'expérience de Bell, présentée dans l'étape 1, peut être considérée comme une extension de l'expérience d'EPR (dans notre version présentée p. 94 *sq.*). On note que le dispositif est le même : un émetteur est placé en C, deux récepteurs en A et B, lesquels ont des boutons de réglage et émettent une lumière rouge ou verte lorsqu'une particule venue de C les atteint. EPR considèrent (seulement) les exécutions dans lesquelles les boutons en A et B ont les mêmes réglages; ils obtiennent donc (seulement) la première caractéristique des données indiquées par Mermin, celle énonçant que les lumières émises en A et B sont toujours de la même couleur[1]. De son côté, Bell considère ces exécutions et aussi celles dans lesquelles les boutons ont des réglages différents et aléatoires. Cela lui permet d'obtenir alors en plus la deuxième caractéristique des données, qui dit qu'autant de lumières vertes que rouges sont observées lorsque les réglages des boutons sont

----

1. Il existe en fait une différence entre l'expérience d'EPR et de Bell sur ce point : EPR ne considèrent que deux réglages possibles aux boutons des récepteurs, quand Bell en considère trois.

aléatoires. On remarque donc que Bell reprend l'expérience d'EPR, et en exploite aussi d'autres données, c'est-à-dire d'autres prédictions de la mécanique quantique ; c'est cela qui permettra à son argument d'aller plus loin qu'EPR.

Mermin précise qu'il n'y a dans l'expérience « aucune connexion entre les éléments, ni mécanique, ni électro-magnétique, ni d'aucun autre type connu […]. Les détecteurs sont ainsi dans l'incapacité d'envoyer des signaux entre eux ou à la source, par aucun mécanisme connu ». Cette condition correspond à la condition de localité d'EPR disant que, lorsqu'une mesure est effectuée en A, rien n'est modifié en B parce qu'aucune interaction physique ne se produit entre A et B. Bell reprend ainsi, en la rendant explicite, l'hypothèse de localité d'EPR[1]. En résumé, la situation expérimentale considérée par Bell reprend celle d'EPR, en ajoutant des observations supplémentaires.

Indiquons enfin que, en présentant l'expérience comme déjà réalisée et ayant fourni des résultats, Mermin modifie légèrement l'argument de Bell. Car en 1964, l'expérience en question n'a pas encore été réalisée. Bell ne peut donc s'appuyer que sur les prédictions théoriques que peut fournir la mécanique quantique. Le fait que ces prédictions quantiques soient correctes est pour lui une hypothèse sur laquelle son argument repose[2].

Après avoir présenté l'expérience, Mermin retrace l'argumentation de Bell concernant la première caractéristique des données (étape 2). Cette caractéristique, qui énonce que les lumières émises sont toujours de la même couleur lorsque les

---

1. Dans son article de 1964, Bell énonce la condition de localité ainsi : « si les deux mesures sont faites à des endroits éloignés l'un de l'autre, l'orientation d'un aimant [ici : le réglage du bouton d'un détecteur] n'influence pas le résultat [ici : la couleur] obtenu[e] avec l'autre [détecteur]. » (p. 15).

2. La possibilité d'un désaccord théorie-expérience est étudiée p. 108.

boutons ont les mêmes réglages, est celle qui a été étudiée par EPR. Mermin analyse la façon dont on peut rendre compte de cette caractéristique, et pour cela fait appel aux idées du sens commun – sans se placer dans le cadre théorique de la mécanique quantique, poursuivant en cela son approche de type « boîte noire ». Mermin montre qu'une explication de la première caractéristique doit être de la forme suivante : chaque particule emmène avec elle un ensemble d'instructions indiquant, pour tous les couples de réglages possibles des boutons des deux détecteurs, quelle lumière s'allumera. Cette conclusion n'est rien d'autre qu'une reformulation de la conclusion d'EPR, selon laquelle il existe des « variables cachées » qui déterminent les couleurs qui vont apparaître, ce qui est le rôle tenu par les ensembles d'instructions [1]. Que Mermin arrive ici à la conclusion d'EPR n'est pas étonnant, car c'est aussi en analysant la première caractéristique des données qu'ils sont parvenus à leur conclusion ; l'argumentation de Mermin dans cette étape 2 est en fait une reformulation de celle d'EPR. Ainsi, l'argument de Bell comprend, dans un premier temps, l'argument d'EPR [2].

Mermin s'intéresse ensuite (étape 3) aux conséquences de cette existence d'ensembles d'instructions transportés par les particules. Il montre alors, avec un raisonnement simple de dénombrement, que cela entraîne certaines statistiques concernant les couleurs des lumières qui s'allument. En l'occurrence,

1. Si Mermin préfère cette formulation à celle affirmant que la mécanique quantique doit être complétée, c'est seulement parce qu'il a fait le choix de ne pas présenter l'expérience avec le point de vue de la théorie de la mécanique quantique. Dans l'article original de Bell, la conclusion d'EPR est reprise à l'identique, et les « variables cachées » prennent la forme d'un paramètre inconnu, $\lambda$.

2. Bell cite explicitement l'argument d'EPR dans son article et s'appuie sur leur conclusion pour poursuivre son raisonnement. Il suppose donc, à raison, que l'argument d'EPR est valide (cf. p. 97).

lorsque les réglages des boutons sont aléatoires, les lumières doivent être de même couleur davantage que 5/9 du temps. Ce résultat, qui est le propre de la contribution de Bell, est souvent appelé le « théorème de Bell », ou aussi « inégalité de Bell » parce qu'il affirme qu'une statistique doit être supérieure à une certaine valeur. D'autres résultats similaires, plus généraux, ont été montrés ultérieurement, et sont souvent appelés des inégalités « de type Bell ». Il est important de noter que la démonstration du théorème de Bell ne requiert aucun élément de la théorie de la mécanique quantique, qu'il s'agisse du formalisme ou de l'interprétation ; il est obtenu par un simple calcul sur les configurations possibles des boutons de réglage [1]. Autrement dit, le théorème de Bell est indépendant de la vérité ou de la fausseté de la mécanique quantique.

Ayant énoncé le théorème de Bell, Mermin peut ensuite comparer son résultat avec la seconde caractéristique des données observées, selon laquelle des couleurs identiques sont observées la moitié du temps. Comme 1/2 est strictement plus petit que 5/9, cela signifie que la seconde caractéristique des données ne respecte pas l'inégalité de Bell, et il y a une contradiction. Autrement dit, ce que requiert la première caractéristique des données est interdit par la seconde.

*Analyse de l'argument*

L'argument de Bell est globalement un raisonnement par l'absurde : partant de certaines hypothèses, il parvient à une contradiction. Cela suppose donc logiquement qu'au moins une des hypothèses soit fausse. Celles-ci, nous l'avons dit, sont

---

1. Dans l'article de Bell, le raisonnement employé est plus compliqué que le simple dénombrement des 9 configurations possibles présenté par Mermin, mais il ne met pour autant pas en jeu la théorie de la mécanique quantique.

celles d'EPR, au nombre de deux : l'hypothèse de localité et l'hypothèse selon laquelle les prédictions théoriques de la mécanique quantique sont correctes sur ce genre d'expérience. Dès lors, s'il s'avère que la mécanique quantique est empiriquement adéquate, alors le monde doit être non-local, contrairement à ce que voudrait le sens commun et contrairement aux attentes d'Einstein (*cf.* p. 98). Aussi, suite à la parution de l'article de Bell, des physiciens se sont donné comme objectif de réaliser une expérience de type EPR-Bell afin de tester la validité des prédictions de la mécanique quantique [1].

Que le résultat de Bell puisse démontrer le caractère non-local du monde est un point qui ne fut pas tout de suite remarqué – et il faut reconnaître que l'article de Bell ne le mentionne pas explicitement. Les lecteurs de l'article de Bell se sont souvent limités au seul théorème et à sa conclusion : la contradiction avec les prédictions de la mécanique quantique. Autrement dit, ils n'ont pas inclus l'argument d'EPR préliminaire. Pour ces lecteurs, la conclusion est alors : ou bien l'hypothèse du théorème lui-même est fausse, c'est-à-dire les variables cachées locales sont impossibles, ou bien les prédictions de la mécanique quantique sont incorrectes. Donc si les prédictions de la mécanique quantique sont justes, c'est que les théories à variables cachées locales sont interdites. Aussi, dans une telle lecture, le résultat de Bell est souvent connu comme proscrivant (seulement) les théories à variables cachées locales. Or, comme nous l'avons dit précédemment, l'argument de Bell dit davantage que cela : combiné avec l'argument d'EPR, il permet d'interroger l'hypothèse de localité en toute généralité. Si les prédictions empiriques de la mécanique quantique sont valides, la conclusion est que le monde

---

1. Cet aspect est développé p. 108.

lui-même est non-local. Autrement dit, pour rendre compte du genre d'expérience considérée, *toute* théorie (et pas seulement celles à variables cachées) doit être non-locale[1].

Étant donné son importance, l'hypothèse de localité a naturellement attiré l'attention des physiciens et des philosophes. En l'analysant plus en détail, ils l'ont décomposée en plusieurs sous-hypothèses. L'intérêt d'une telle décomposition est qu'il suffit qu'une de ces sous-hypothèses soit fausse (et non pas que toutes soient fausses) pour que le théorème de Bell soit bloqué, et la contradiction évitée. Ont été distinguées par exemple une hypothèse de séparabilité (les deux particules partant de l'émetteur C peuvent être considérés comme formant deux systèmes distincts, et non pas comme un seul système) et différentes versions de l'hypothèse de localité (selon ce que la mesure effectuée en A ne peut pas modifier en B)[2]. Cela permet à certains d'affirmer que le résultat de Bell montre qu'un système (tel que les deux particules) doit parfois être considéré comme un tout inséparable, et ne peut être analysé comme étant composé de deux systèmes distincts, tandis que d'autres peuvent plutôt affirmer qu'un certain type de localité est interdit. Les discussions sur ce sujet mettent en jeu un certain niveau de technicité, et la communauté des spécialistes n'a pas tout à fait atteint de consensus.

---

1. Rappelons la remarque faite à la note 2 p. 92 : nous supposons ici qu'il existe des faits à propos des résultats de mesure, contrairement à l'interprétation des mondes multiples.

2. Le détail des distinctions ou des appellations varie selon les auteurs. *Cf.* par exemple G. Graßhoff, S. Portmann et A. Wüthrich, « Minimal Assumption Derivation of a Bell-type Inequality », *The British Journal for the Philosophy of Science*, 56, 2005, p. 663-680 ; M. Redhead, *Incompleteness, Nonlocality and Realism*, *op. cit.* ; B. C. van Fraassen, *The Scientific Image*, *op. cit.*

*Le verdict expérimental*

*Et si les prédictions de la mécanique quantique étaient fausses ?*

Considéré globalement, l'argument de Bell part de deux hypothèses, la localité et la validité des prédictions de la mécanique quantique, pour aboutir à une contradiction. L'une des façons d'échapper à la contradiction est donc que les prédictions de la mécanique quantique concernant l'expérience en question soient erronées. Si elles s'avèrent au contraire correctes, alors il faut se résoudre à ce que le monde soit non-local. Lorsque Bell publie son article, les prédictions de la mécanique quantique se sont montrées jusque-là en excellent accord avec toutes sortes d'expériences, mais le type d'expérience considéré par EPR ou Bell n'a jamais encore été réalisé. Il est donc possible que la mécanique quantique soit correcte partout, sauf justement sur ce type d'expérience. Et comme cela doit permettre de se prononcer sur les théories à variables cachées et sur la localité, on comprend que la réalisation de l'expérience en question puisse apparaître comme étant d'une importance cruciale.

Cependant, après la parution de l'article de Bell, seuls quelques physiciens sont sensibles à cette importance, et les recherches correspondantes souffriront d'un manque de reconnaissance de la communauté physicienne pendant un certain nombre d'années. Au cours des années 70, quelques équipes américaines mènent les premières expériences qui testent, quoique imparfaitement, l'inégalité de Bell, donnant globalement raison à la mécanique quantique. L'expérience considérée aujourd'hui comme véritablement probante[1] est

---

1. Cette expérience est la première à incorporer une caractéristique importante de l'expérience considérée par Bell : la position du bouton des détecteurs en A et B peut être réglée même lorsque les deux électrons sont déjà

réalisée en 1982 par l'équipe d'Aspect. Les résultats obtenus sont en excellent accord avec les prédictions de la mécanique quantique, et correspondent à ceux indiqués dans l'article de Mermin (caractéristiques 1 et 2) : l'inégalité de Bell est violée. D'autres expériences ont ensuite confirmé plus amplement ces résultats, en s'approchant toujours plus des conditions idéales exigées par Bell ; les détecteurs ont été par exemple séparés d'une dizaine de kilomètres de la source [1].

Ainsi, il semble bien que l'une des hypothèses de Bell soit hors de cause : les prédictions de la mécanique quantique concernant l'expérience sont correctes. Puisque cette hypothèse n'est pas fausse, c'est celle de localité qui doit l'être. L'argument de Bell, épaulé par les expériences correspondantes, conduit ainsi à conclure que le monde lui-même est non-local.

Revenant à l'argument d'EPR lui-même (*cf.* p. 94), on peut affirmer là aussi que c'est l'hypothèse de localité qui est fautive. Celle-là même qui demeurait implicite dans l'article, et semblait si raisonnable aux yeux d'Einstein, est en fait une hypothèse erronée. L'argument d'EPR, bien que logiquement valide, repose en fait sur une prémisse fausse. Nous devons nous résoudre à l'existence d'« actions fantomatiques à distance ». Malheureusement, Einstein s'éteignit peu avant la parution de l'article de Bell, et personne ne peut dire exactement quelle aurait été sa réaction à cet argument.

---

partis de C et sont en chemin vers les détecteurs. En effet, si les boutons sont déjà réglés depuis un certain temps, on ne peut pas exclure que des signaux soient échangés entre les détecteurs, ce qui est proscrit par l'hypothèse de localité.

1. *Cf.* par exemple A. Aspect, « Bell's Inequality Test : More Ideal Than Ever », *Nature*, vol. 398, mars 1999, p. 189-190.

### *De la métaphysique à l'expérience*

L'argument d'EPR a déclenché en son temps des discussions théoriques. À la question : « la mécanique quantique est-elle complète ? », les protagonistes ont opposé des arguments philosophiques, ou ayant trait à la bonne interprétation de la théorie. À aucun moment l'expérience n'a été, ou n'aurait pu être, d'un quelconque secours. L'argument de Bell a eu le mérite de changer cette situation. En faisant un lien entre l'hypothèse de l'exactitude des prédictions quantiques et l'hypothèse de localité, il permet aux physiciens qui testent en laboratoire la première hypothèse de conclure quelque chose concernant la seconde. Ainsi, le débat qui était jusque là philosophique est désormais scientifique et relève de l'expérience. L'historien des sciences Freire a ainsi intitulé un de ses articles « Lorsque la philosophie entre dans le laboratoire d'optique »[1]. C'est également ce que Mermin veut dire avec la phrase : « un fait – et non une doctrine métaphysique – était présenté pour réfuter [Einstein] ». Certains parleront aussi de « métaphysique expérimentale ».

### *La non-localité*

#### *Non-localité et communication*

En quoi consiste concrètement la non-localité dont est caractérisée le monde ? Voici une présentation qu'en fait A. Aspect :

> Un observateur assis derrière [un des récepteurs, en A,] voit seulement une série apparemment aléatoire de [lumières rouges ou vertes], et en faisant ainsi des mesures uniquement de son côté il ne peut s'apercevoir qu'un opérateur distant [en

---

1. O. Jr. Freire, « Philosophy Enters the Optics Laboratory : Bell's Theorem and its First Experimental Tests (1965-1982) », art. cit.

B] vient de changer [le réglage du bouton de l'autre détecteur]. Dès lors, devrions-nous conclure qu'il n'y a rien de particulièrement remarquable dans cette expérience ? Pour convaincre le lecteur du contraire, je suggère que nous prenions le point de vue d'un observateur externe, qui rassemble les données provenant des deux [récepteurs, distants de plusieurs kilomètres,] et qui compare les deux séries de résultats. [...] En étudiant les données *a posteriori*, on trouve que la corrélation [entre les lumières émises par les deux récepteurs pour une même exécution de l'expérience] change aussitôt que [le réglage du bouton d'un des détecteurs] est modifié, dans un délai qui ne permet pas la propagation d'un signal : cela reflète la non-séparabilité quantique. [1]

Aspect insiste sur le fait que la non-localité (qu'il appelle « non-séparabilité ») apparaît seulement lorsqu'on compare deux résultats de mesures, effectuées l'une en A et l'autre en B ; si on considère uniquement les résultats obtenus en A, la non-localité n'apparaît pas. En effet, quel que soit le réglage du bouton du détecteur en B (et même si on place une brique devant le détecteur B de sorte que la particule n'y arrive pas), les données obtenues en A ont toujours les mêmes caractéristiques, vues de A : statistiquement, la lumière qui s'allume est une fois sur deux verte, une fois sur deux rouge. En moyenne, il n'y a pas plus de vert ou plus de rouge parce qu'en B le réglage du bouton a été placé sur une autre position. Vu de A, il n'y a aucun moyen de savoir quoi que ce soit sur le réglage fait en B. Cela signifie que, si deux personnes sont placées l'une en A et l'autre en B, le réglage du détecteur fait par la personne en B, ou le fait qu'une mesure soit effectuée *tout court*, ne peut être connu de la personne en A à partir des

1. A. Aspect, « Bell's Inequality Test : More Ideal Than Ever », art. cit., p. 190. La citation est ici reformulée pour concerner la situation expérimentale considérée par Mermin.

couleurs qui s'allument devant elle (dès lors qu'elle n'a accès à rien d'autre qu'à cela). Ainsi, l'expérience de Bell ne peut servir en tant que telle à envoyer des messages entre deux personnes, et la non-localité ne permet pas de communication directe.

## Une interaction instantanée

Voyons une autre caractéristique de la non-localité dont parle A. Aspect. Supposons que les particules partent de C alors que les réglages des boutons sont différents, mais que, avant qu'elles n'atteignent les récepteurs en A et B, un changement soit parfois effectué (un des boutons est tourné, de sorte que les deux boutons aient maintenant même orientation). Ce qu'on observe expérimentalement est conforme aux caractéristiques présentées par Mermin : lorsque ce changement n'est pas effectué, les lumières observées en A et B ne sont pas toujours les mêmes; lorsque le changement est effectué, les lumières en A et B sont strictement corrélées, toujours de la même couleur. Le fait que les résultats changent ainsi traduit une interaction non-locale entre A et B, qui permet aux particules de « savoir » si elles doivent indiquer des couleurs corrélées. Et ce qui est important est que les expériences montrent que ces caractéristiques sont valables quel que soit le moment auquel le bouton est tourné (même s'il s'agit du dernier moment avant que les particules n'entrent dans les récepteurs), et quelle que soit la distance qui sépare les récepteurs. Il n'est donc pas possible de prendre de court la Nature sur ces statistiques. L'interaction non-locale qui corrèle les couleurs n'est limitée par aucune vitesse de propagation; elle est instantanée et agit à distance.

Cet état de fait est parfaitement original. Albert et Galchen nous ont rappelé que, dans notre expérience quotidienne, tous les événements semblent se produire avec une caractéristique de localité, conformément à l'intuition que nous avons. Pour toutes les autres interactions physiques connues, la Nature ne procède jamais de façon non-locale. Toutes les forces entre les particules se propagent de proche en proche, progressivement au cours du temps. Même si leur propagation peut être très rapide, à la vitesse de la lumière (300 000 kilomètres par seconde, soit une distance comme le tour de la Terre en près d'un dixième de seconde), elle n'est jamais instantanée. Jusqu'à la mécanique quantique, les théories scientifiques ont proscrit l'action instantanée à distance. La gravitation, qui était une force instantanée dans la théorie de Newton, a par exemple été remplacée, dans la théorie de la relativité générale, par une interaction qui se propage dans l'espace et le temps.

On considère généralement que les lois de la physique, à travers la théorie de la relativité restreinte, énoncent que la vitesse de propagation des signaux physiques a une borne maximum, qui est la vitesse de la lumière. Lorsqu'Aspect écrit : « la corrélation […] change […] dans un délai qui ne permet pas la propagation d'un signal », il veut justement dire que la vitesse de l'interaction non-locale est supérieure à la vitesse de la lumière. Cela est l'occasion de poser la question d'un possible conflit entre la non-localité et la théorie de la relativité : le fait que l'interaction non-locale se propage instantanément n'est-il pas contradictoire avec l'existence d'une vitesse limite imposée la relativité ? Une réponse brève est : il n'y a pas de conflit sur ce point, parce que la vitesse limite en relativité concerne la propagation de signaux, or l'interaction non-locale ne permet justement pas de transmettre des signaux, ainsi que nous l'avons vu page 112[1].

---

1. Le conflit entre mécanique quantique et relativité est en réalité plus subtil et complexe que cela. *Cf.* par exemple la suite de l'article d'Albert et Galchen commenté ici ; *cf.* également J. Berkovitz, « Action at a Distance in Quantum Mechanics », *in* Zalta, *op. cit.*, http://plato.stanford.edu/archives/fall2013/entries/qm-action-distance, 2013 ; T. Maudlin, *Quantum Non-Locality*

*Une interaction spécifique et non atténuée*

Une autre caractéristique de l'interaction quantique à distance est qu'elle est spécifique : elle ne relie que les deux particules issues de C, et ne concerne pas les autres particules alentour (il s'agit d'un « arrangement privé »[1], ou d'une « forme d'intimité », selon Albert et Galchen).

Cette caractéristique aussi est en opposition avec les caractéristiques de toutes les autres forces physiques connues. La force de gravitation, par exemple, est universelle : la Terre attire *tous* les corps (la chaise ici, l'arbre là, le satellite au-dessus, le Soleil, etc.) et réciproquement. Notons que l'interaction quantique non-locale existe entre les deux particules de l'expérience seulement parce que celles-ci ont été préparées dans la source d'une certaine façon. Il est impossible, par exemple, de créer arbitrairement et spontanément une interaction non-locale entre deux particules éloignées. L'interaction non-locale peut affecter tout type de particules (électrons, neutrons, photons, atomes, etc.); ce qui compte n'est pas la nature des particules elles-mêmes, mais la préparation adéquate de celles-ci dans une source.

Enfin, la non-localité est insensible à la distance entre les deux particules. Si les premières expériences séparaient les particules de quelques mètres, elles le font aujourd'hui d'une dizaine de kilomètres, et rien n'interdit en principe de les séparer de la distance d'une galaxie. Cette caractéristique est là encore en opposition avec celles de toutes les autres interactions physiques connues, pour lesquelles la force s'atténue avec la distance. L'interaction non-locale est

---

*and Relativity*, Malden (MA) et Oxford, Blackwell, 2002, seconde édition. Une autre théorie plus générale que la mécanique quantique, la théorie quantique des champs, prend en compte les effets de la relativité.

1. T. Maudlin, *Quantum Non-Locality and Relativity*, *op. cit.*, p. 23.

également insensible au type de matériau qui se trouve entre les deux particules.

## L'EXPÉRIENCE DE BELL
### ET LES INTERPRÉTATIONS QUANTIQUES

La non-localité du monde n'est pas, nous l'avons souligné dans la section précédente, un résultat tributaire de la théorie de la mécanique quantique. L'argument de Bell (qui ne suppose pas la théorie de la mécanique quantique) associé aux données expérimentales obtenues par Aspect et ses collaborateurs, suffisent à démontrer l'existence d'influences non-locales dans la Nature. Dès lors qu'on reconnaît l'existence de résultats de mesure[1], la preuve de l'existence de cette non-localité ne dépend pas de la mécanique quantique, et donc pas plus de son interprétation. C'est la Nature elle-même qui est non-locale, indépendamment de notre théorie quantique actuelle. Néanmoins, puisque la théorie de la mécanique quantique entend rendre compte d'un monde non-local, elle doit elle-même refléter cette non-localité. Cette section étudie comment chaque interprétation quantique exprime cette non-localité et explique les résultats de l'expérience de Bell.

### Selon l'interprétation orthodoxe

Mermin affirme dans son article que, pour rendre compte des données observées dans l'expérience de Bell, il n'existe pas d'explication classique, c'est-à-dire d'explication en dehors de la mécanique quantique. Si la Nature ne donne pas d'ensemble d'instructions aux particules, comment procède-t-elle ?

---

1. *Cf.* note 2, p. 92.

## Le système quantique

Utiliser la mécanique quantique orthodoxe requiert de commencer par spécifier un *système*[1]. Dans l'expérience de Bell, le système comprend les deux particules produites par la source C, considérées *ensemble*. Le fait que, dans la théorie, les deux particules constituent un seul et même système provient du fait qu'elles ont été physiquement préparées ensemble et qu'elles ont été liées d'une façon particulière. On peut définir globalement un état pour les deux particules, mais pas un état individuel pour chaque particule.

## L'état initial des particules

Pour expliquer l'expérience de Bell, commençons par quelques considérations préliminaires. Imaginons une autre expérience, dans laquelle il n'existe qu'une seule particule qui est envoyée vers le détecteur A. Si la particule est préparée de telle sorte à toujours faire allumer la lumière « rouge », alors on note son état « $|rouge>_A$ » (l'indice A signifie que cela concerne le détecteur A). Des états plus compliqués ont été étudiés au chapitre III : si la particule donne une fois sur deux « rouge » et une fois sur deux « vert », on dit que la particule est dans un état superposé entre « rouge » et « vert », noté

$$|rouge>_A + |vert>_A. \tag{éq. 7}$$

Considérons maintenant deux particules, qui se dirigent l'une vers A et l'autre vers B, et qui sont chacune dans l'état superposé de l'éq. 7. Pour le système constitué de ces deux particules, l'état global s'obtient en juxtaposant simplement les deux états :

$$(|rouge>_A + |vert>_A)(|rouge>_B + |vert>_B). \tag{éq. 8}$$

---

1. *Cf.* p. 35.

Dans cette expression, ce qui concerne la particule allant vers A est séparé de ce qui concerne la particule allant vers B, avec des parenthèses distinctes.

Revenons à présent à l'expérience de Bell, en supposant par exemple que les réglages des deux boutons sont identiques, en position 1. Ici, l'état pour les deux particules n'est pas simplement celui de l'éq. 8. Il est davantage mélangé et s'écrit :

$$| rouge >_A | rouge >_B + | vert >_A | vert >_B. \qquad \text{(éq. 9)}$$

La différence avec l'éq. 8 est que dans cet état, les deux termes de chaque côté du « + » ont chacun quelque chose qui concerne A (en indice) et quelque chose qui concerne B. Cela signifie qu'on ne peut pas séparer les états des deux particules, qui sont intimement mêlés [1] – on dit que les états sont « intriqués ». C'est de ce genre d'états dont parlent Albert et Galchen dans le premier texte ; les propriétés quantiques qu'on attribue concernent le système des deux particules dans son ensemble (par exemple : l'écart entre les particules est de deux mètres) et non uniquement telle ou telle particule (par exemple : telle particule a telle position). On ne peut attribuer individuellement de propriété à une particule seule, car les probabilités pour une particule dépendent étroitement de ce qu'il advient de l'autre particule. Cette non-séparabilité conceptuelle est le germe de la non-localité qui va se manifester dans l'expérience de Bell.

### Lorsque les lumières s'allument

Lorsque les particules arrivent dans leur détecteur respectif, une opération de « mesure » se produit. Durant cette mesure, l'état est projeté ou réduit [2].

---

1. En essayant de réécrire l'expression, on ne peut pas mettre d'un côté ce qui relève de A et de l'autre ce qui relève de B, comme dans l'éq. 8.

2. *Cf.* p. 39.

Supposons par exemple que la particule A arrive dans son détecteur un peu avant la particule B dans le sien. Pour A, l'état intriqué (éq. 9) indique qu'il y a une chance sur deux que la lumière verte s'allume, et une chance sur deux que la lumière rouge s'allume.

Supposons par exemple que ce soit la lumière rouge qui s'allume; quel est l'état après la mesure? Comme c'est la lumière rouge qui s'est allumée pour A, c'est en quelque sorte le terme « $|$ rouge $>_A$ » de « $|$ rouge $>_A |$ rouge $>_B$ » qui a gagné (dans l'éq. 9) sur le terme « $|$ vert $>_A$ » de « $|$ vert $>_A |$ vert $>_B$ ». Aussi, la mécanique quantique énonce que l'état est réduit sur le premier terme, et vaut donc après la mesure :

$$|\text{rouge}>_A |\text{rouge}>_B. \qquad\qquad\qquad (\text{éq. 10})$$

Avec un tel état, la mécanique quantique prédit avec certitude du rouge en A (ce qui vient d'être observé) et du rouge en B (ce qui sûr à 100 % d'être observé). Récapitulons : après que du rouge a été observé en A (avec 50 % de chances), la théorie quantique permet de prédire assurément du rouge en B. De façon analogue, si du vert avait été observé en A, la théorie aurait prédit du vert en B[1]. Autrement dit, l'état de l'éq. 9 est l'objet théorique au moyen duquel la mécanique quantique fournit des prédictions correctes, et c'est lui qui fournit l'explication orthodoxe de l'expérience de Bell. Ainsi, la mécanique quantique orthodoxe a rempli l'objectif attendu, sans faire transporter d'instructions aux particules.

### La non-localité orthodoxe

En quoi exactement cette solution orthodoxe est-elle non-locale ? Deux caractéristiques sont essentielles : tout d'abord, l'existence d'un état intriqué comme celui de l'éq. 9, qui

---

1. Nous nous sommes restreints ici au cas où les réglages des boutons des détecteurs sont identiques. S'ils sont différents, l'état considéré dans l'éq. 9 permet aussi de prédire les statistiques correctes.

associe étroitement les deux particules au point qu'on ne puisse pas définir indépendamment un état pour chaque particule ; ensuite, la règle de projection de l'état lors d'une mesure, qui permet une modification instantanée de l'état du système (il s'agit d'une des deux règles d'évolution de l'état, l'autre étant l'équation de Schrödinger). La projection agissant sur un système dans un état intriqué a des conséquences particulières : alors que la mesure concerne seulement la particule qui est arrivée en A, la projection agit sur l'état de *tout le système*, composé ici des deux particules. C'est ainsi qu'une mesure sur une particule en A peut modifier les probabilités qui concernent l'autre particule, arrivant en B. De plus, cette projection a lieu de façon instantanée et s'applique sans atténuation aucune quelle que soit la distance entre les deux particules (ou les deux détecteurs). On peut donc considérer qu'elle est une forme d'action instantanée à distance (« fantomatique »), et en cela, elle viole la condition de localité d'EPR. Dans la mécanique quantique orthodoxe, la non-localité réside ainsi dans la règle de projection (ou de réduction) de l'état, agissant sur un état intriqué.

### Selon l'interprétation de Bohm

L'interprétation de Bohm propose une lecture radicalement différente de l'origine de la non-localité. Notons que cela doit être évidemment le cas, puisque l'interprétation de Bohm ne reconnaît pas la règle de projection par laquelle se manifeste la non-localité orthodoxe.

Ce qui remplace cette règle, dans la mécanique bohmienne, est l'équation-pilote, qui détermine les positions des particules à partir de la fonction d'onde [1]. Ce qui est important dans cette équation est que la position d'une particule dépend des posi-

---

1. *Cf.* chap. IV.

tions des autres particules, de façon instantanée et à distance. Ainsi, si une particule subit certaines interactions (par exemple avec un appareil de mesure), et se déplace en conséquence, l'équation-pilote pourra entraîner des modifications de la trajectoire de l'autre particule. Autrement dit, dans le cas de l'expérience de Bell, si une mesure est effectuée en A sur une des particules, la trajectoire de l'autre particule est affectée instantanément.

On pourrait objecter que modifier la position ou la trajectoire d'une particule n'est pas la même chose que modifier sa couleur, qui est la quantité mesurée dans l'expérience de Bell. La réponse à cette objection est que la mesure d'une quantité physique quelconque peut toujours se réduire à (ou s'exprimer en fonction de) la mesure de positions des particules bohmiennes[1]. Aussi, mesurer la couleur d'une particule (« rouge » ou « verte ») revient à mesurer sa position, ce qui influe sur la fonction d'onde du système, donc modifie la position de l'autre particule, et finalement modifie les probabilités que celle-ci ait telle ou telle couleur. Cela se fait instantanément, quelle que soit la distance entre les deux particules. C'est ainsi que, à partir de l'équation-pilote, l'interprétation de Bohm rend compte de la non-localité.

### Selon l'interprétation des mondes multiples

L'interprétation des mondes multiples a jusqu'à présent été écartée des discussions sur la non-localité[2], en raison de son statut particulier : contrairement au sens commun, elle nie en général l'existence de faits ou de résultats de mesure. Par exemple, si une mesure de couleur est effectuée sur la particule en A, l'interprétation des mondes multiples considère qu'il n'y a pas de résultat concernant la couleur. Elle considère que dans

1. *Cf.* p. 52-53.
2. *Cf.* note 2, p. 92.

un monde, la couleur « rouge » a été obtenue, tandis que dans un autre monde, la couleur « verte » a été obtenue. Et aucun des deux mondes n'est plus réel ou plus légitime que l'autre.

### Les arguments d'EPR et de Bell

Aussi, il est assez facile de comprendre que la plupart des arguments habituels, qui supposent implicitement l'existence de résultats de mesure, ne peuvent plus être utilisés avec l'interprétation des mondes multiples.

Reprenons tout d'abord l'argument d'EPR présenté page 94. Une des phrases de l'argumentation reconstruite est : « À l'instant $t$, le détecteur en A reçoit une particule et émet brièvement une lumière (par exemple, verte) ». Autrement dit, EPR supposent qu'il existe bien au temps $t$ un résultat de mesure, par exemple une lumière verte. Il s'agit là d'une hypothèse implicite que ne reconnaît pas l'interprétation des mondes multiples. Celle-ci considère en effet qu'il n'y a pas *un* résultat de mesure, puisque les lumières verte et rouge sont obtenues chacun dans un monde. Par conséquent, l'argument d'EPR ne peut plus s'appliquer si on adopte l'interprétation des mondes multiples, et la conclusion d'incomplétude n'en découle plus.

Il en va de même pour l'argument de Bell, qui prolonge l'argument d'EPR, et qui suppose également l'existence de résultats de mesure. Par conséquent, l'argument de Bell ne peut plus s'appliquer avec l'interprétation des mondes multiples, et il ne permet plus d'en déduire que le monde est non-local.

Effectivement, l'interprétation des mondes multiples décrit un monde ou un univers local. Il n'existe aucune sorte d'interaction instantanée à distance ; l'évolution de la fonction d'onde est locale et continue, selon l'équation de Schrödinger. Rappelons que la non-localité dans l'interprétation orthodoxe vient de la réduction de la fonction d'onde, qui est ici absente ;

dans celle de Bohm, la position des particules ponctuelles rentrent en jeu, mais elles n'existent pas ici. Ainsi, la mécanique quantique everettienne conserve une caractéristique de notre monde habituel – même si la multiplicité de mondes, quant à elle, l'en éloigne de façon décisive.

### Explication de l'expérience de Bell

Comment l'interprétation des mondes multiples explique-t-elle les résultats de l'expérience de Bell, dans un univers local ? Considérons pour cela l'état des deux particules à leur sortie de l'émetteur C, décrit par l'éq. 9 (*cf.* ci-dessus), $|$ rouge $>_A |$ rouge $>_B + |$ vert $>_A |$ vert $>_B$. Lorsqu'une mesure est effectuée en A, ce qui était initialement un seul monde se sépare en deux mondes[1] : dans l'un, le détecteur en A a émis une lumière rouge, dans l'autre une lumière verte. Puis, le détecteur en B reçoit l'autre particule, et là le résultat dépend du monde considéré : dans l'un, une lumière rouge, dans l'autre, une verte. Et le point crucial est le suivant : à cause de l'état particulier dans lequel se trouvent les particules, le monde dans lequel du rouge a été obtenu en B est le même que celui dans lequel du rouge a été obtenu en A. Si les résultats obtenus en A et B sont comparés, on note un accord, quel que soit le monde considéré : rouge-rouge, ou vert-vert. Bien que l'interprétation des mondes multiples ne reconnaisse pas de fait à propos d'une mesure particulière, elle reconnaît ici qu'il existe un fait à propos de l'accord entre les deux mesures en A et en B.

---

1. Avant la mesure, il s'agit ici encore d'un seul monde, dans lequel il y a un état superposé. Puis l'interaction physique entre l'appareil de mesure et la particule qui arrive en A entraîne une décohérence de l'état décrivant les deux particules, ce qui se traduit par une bifurcation de mondes.

*Conclusion*

Ainsi, chaque interprétation quantique parvient à rendre compte des résultats de l'expérience de Bell d'une façon qui lui est propre. Alors que l'interprétation orthodoxe et l'interprétation bohmienne décrivent un monde non-local, l'interprétation des mondes multiples maintient une localité dans le monde – ou plutôt dans *les* mondes. Même sur l'explication de la violation de l'inégalité de Bell, les différentes interprétations de la mécanique quantique ne s'accordent pas.

# TABLE DES MATIÈRES

## TEXTES ET COMMENTAIRES

Imprimer par CPI en avril 2015
N°d'impréssion : 128357
Dépôt légal : avril 2015